Melanie Bettner

Lapbooks im Mathematikunterricht – 3./4. Klasse

Praktische Hinweise und Gestaltungsvorlagen für Klappbücher zu zentralen Lehrplanthemen

9783403202806

Die Autorin

Melanie Bettner ist Diplom-Pädagogin, diplomierte Legasthenie- und Dyskalkulietrainerin, zertifizierte Konzentrations- und Verhaltenstrainerin sowie Lerntrainerin.

2. Auflage 2021

AAP Lehrerwelt GmbH
Veritaskai 3
21079 Hamburg
Telefon: +49 (0) 40325083-040
E-Mail: info@lehrerwelt.de
Geschäftsführung: Christian Glaser
USt-ID: DE 173 77 61 42
Register: AG Hamburg HRB/126335

AutorIn:	Melanie Bettner
Covergestaltung:	TSA&B Werbeagentur GmbH, Hamburg
Illustrationen:	Rebecca Meyer sowie Mele Brink (Birne, S. 43), Julia Flasche (Arbeitspiktogramme), Alexandra Hanneforth (Buch, S. 8), Elisabeth Lottermoser (Anleitung Faltbuch, S. 49), Jennifer Spry (Spiegel, S. 51), Satzpunkt Ursula Ewert GmbH (Bastelvorlagen)
Fotos:	© Mapics/fotolia.com (Spiegelung, S. 43)
Satz:	Satzpunkt Ursula Ewert GmbH, Bayreuth
Druck und Bindung:	Esser printSolutions GmbH, Bretten

ISBN: 978-3-403-20280-6
www.persen.de

Was sind Lapbooks?

Ein Lapbook ist ein Klappbuch, eine kleine Mappe, die sich mehrfach ausklappen lässt und von den Kindern individuell gestaltet und ausgestattet werden kann. So passen zum Beispiel kleine Taschen, Faltbücher, Klapphefte, Drehscheiben, Leporellos, Bilder u.v.m. hinein. Durch das Gestalten ihres Klappbuchs können die Schüler[1] ihre Lernergebnisse durch Basteln, Schreiben und Ausarbeiten festhalten. Dies geschieht auf eine motivierende, kreative Weise und alle erzielen dabei ein eigenes Ergebnis. Jedes Lapbook ist individuell, keines sieht aus wie das andere. Die Kinder entscheiden selbstständig, wie sie mit erarbeiteten Informationen umgehen, und bringen dabei unterschiedliche Aspekte schriftlich und gestalterisch in ihr Buch ein.

Einsatz von Lapbooks im Unterricht

Lapbooks können in nahezu allen Fächern eingesetzt werden. Im Mathematikunterricht gelingt dies besonders gut, da sich die einzelnen Themen gut strukturieren lassen. Dadurch wird die Nachhaltigkeit und Merkfähigkeit der Themen beim Schüler verstärkt. Die dauerhafte Integration von ikonischen und symbolischen Elementen führt weiterhin zu einem vertiefenden Verständnis. Die Dynamik der Klappelemente weckt die Neugier, Motivation und Merkfähigkeit und variiert die Aufgaben.

Zielsetzung

Die Kinder

- setzen sich intensiv mit dem Thema auseinander,
- verschaffen sich selbstständig Informationen,
- arbeiten individuell,
- dokumentieren und präsentieren ihre Ergebnisse,
- lernen und wiederholen die Inhalte.

Material

Bedingung für die Arbeit mit Lapbooks ist eine Vielfalt an Materialien. Ausgelegt werden sollten:

- Tonpapier, Tonkarton und farbiges Papier
- Lapbook-Vorlagen (mehrfach kopiert)
- kopierte Infokarten zu den Themen
- Musterklammern
- Klebestifte
- Stifte
- Scheren

Vorgehen

Je nachdem, ob und wie Sie das vorliegende Material nutzen und erweitern möchten, sollte für jedes Kind am besten ein DIN-A3-Bogen Pappe oder festeres Papier zur Verfügung stehen. Das DIN-A4-Format ist auch möglich, doch dann fallen die Lapbooks recht klein aus und die Kopiervorlagen müssen angepasst werden.
Die Seiten des in Querformat gelegten Pappbogens werden zur Mitte hin umgeklappt, sodass ein aufklappbares Buch entsteht. Nach oben und unten kann diese Grundform durch weitere klappbare Elemente erweitert werden. In dieses Buch hinein basteln und gestalten die Kinder nun mit verschiedenen Elementen zum jeweiligen Thema. Es bietet sich an, die Kopiervorlagen von den Schülern zum Beispiel durch Anmalen farblich gestalten zu lassen. Anhand eines Laufzettels können sie überprüfen, welche Themen Ihre Schüler bereits erarbeitet haben. Dazu können Sie den blanko Laufzettel von Seite 76 nutzen und einfach mit den entsprechenden Kapiteln und Themen versehen.

Differenzierung

Die Schüler können sich zunächst eigenständig mit den Kopiervorlagen auseinandersetzen. Sollte ein Schüler inhaltliche Schwierigkeiten haben, kann dem Schüler die entsprechende Infokarte als Hilfestellung vorgelegt

[1] Wir sprechen hier wegen der besseren Lesbarkeit von Schülern bzw. Lehrern in der verallgemeinernden Form. Selbstverständlich sind auch alle Schülerinnen und Lehrerinnen gemeint.

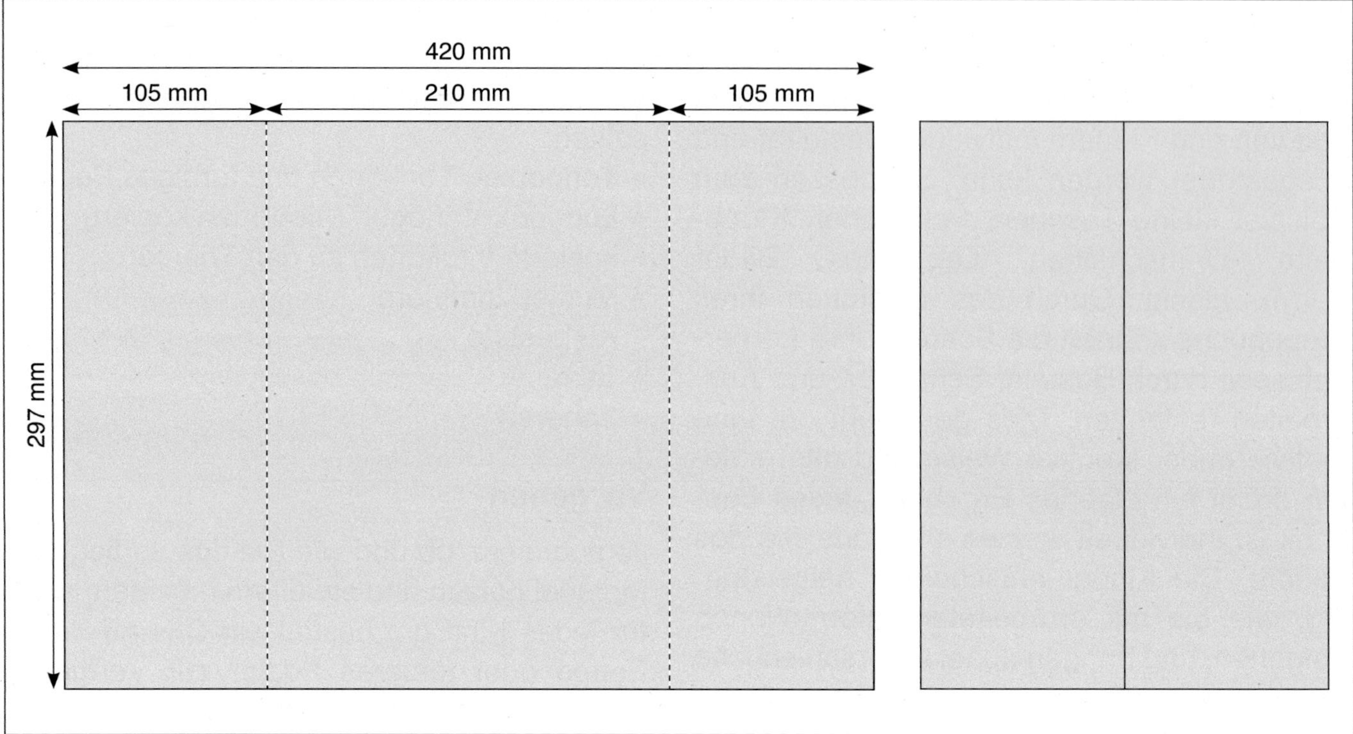

werden. Der Schüler erhält so Impulse, um das Klappelement mit den entsprechenden Inhalten zu füllen.

Kinder haben Freude daran, ihre fertigen Lapbooks der Klasse zu präsentieren, und sie wiederholen dadurch ganz nebenbei die Lerninhalte. Jedes Lapbook sieht anders aus und zeigt somit ein individuelles Lernergebnis, was die Präsentation und Besprechung mit der Klasse besonders abwechslungsreich und spannend macht.
Für leistungsschwächere Schüler bietet es sich zudem an, als Hilfestellung einen „Lageplan“ für die einzelnen Klappelemente und die Gestaltung des Lapbooks anzubieten.

Bewertung

Die Kinder erarbeiten sich die Inhalte des Themas selbstständig und gestalten dabei ihr persönliches Lapbook. Im Anschluss erfolgt die Präsentation. Parallel zum Unterrichtsverlauf bietet es sich an, eine Tabelle anzulegen, die als eine Art Bewertungsraster verwendet werden kann. Ein Beispiel finden Sie auf Seite 75. Die fertigen Klappbücher können nach den Präsentationen eingesammelt und von der Lehrkraft als Portfolio der Arbeit genutzt werden.

Klassenstufen

In jüngeren Jahrgängen bietet sich eine behutsame Heranführung an die Arbeit mit Lapbooks an. Zu Beginn jeder Stunde können die Kinder mithilfe ihres Lapbooks die erarbeiteten Inhalte wiederholen. Eventuell kann in jeder Stunde eine kleine Anzahl an Lapbook-Elementen bereitgestellt werden. Dann werden die Aufgaben Schritt für Schritt erweitert – und somit entwickelt sich das Klappbuch im Laufe einer Unterrichtseinheit.
Zudem sollten in den tieferen Klassen noch stärkere Vorgaben gemacht und konkrete Aufgabenstellungen formuliert werden; auch die (Sach-)Informationen werden von der Lehrkraft vorgegeben. Je mehr die Kinder mit der Methode Lapbook vertraut sind, desto freier können sie sich ein Thema erarbeiten, bis sie irgendwann nur noch Blankovorlagen (einige sind auf Seite 72 bis 74 für Sie zusammengestellt) erhalten und sich das Thema ganz eigenständig erarbeiten.

Informiere dich.
Lies die Infokarte oder lass sie dir vorlesen.

Zahlen darstellen

Es gibt viele Möglichkeiten, Zahlen darzustellen. Alle Zahlen im Zahlenraum bis 1 000 können in **Einer**, **Zehner** und **Hunderter** unterteilt werden. Du kannst sie als Symbole darstellen, zum Beispiel als Würfel:

Einer

Zehner

Hunderter

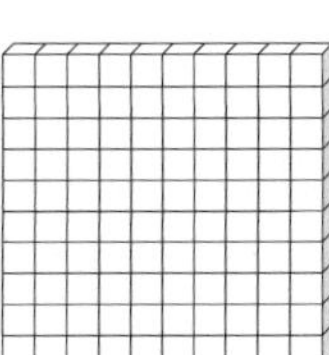

Tausender

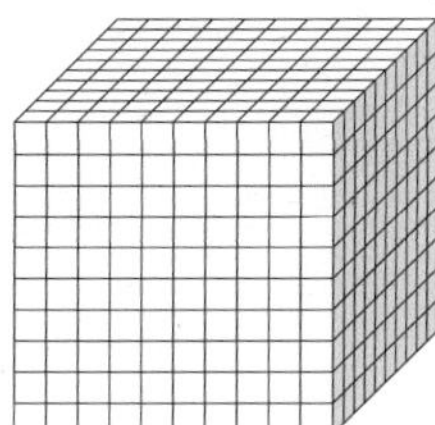

Du kannst das auch einfacher schreiben:

Einer ●

Zehner |

Hunderter □

Tausender

Stellentafel

Du kannst Zahlen auch in der **Stellentafel** darstellen. Die Zahl 243 besteht aus 2 Hundertern, 4 Zehnern und 3 Einern.

H	Z	E
□ □	| | | |	● ● ●
2	4	3

Informiere dich.
Lies die Infokarte oder lass sie dir vorlesen.

Zahlen am Zahlenstrahl

Du kannst Zahlen in einem **Zahlenstrahl** darstellen.
Im Zahlenstrahl von 1 bis 1 000 findest du jede Zahl im Zahlenraum bis 1 000 wieder – wenn auch etwas versteckt.

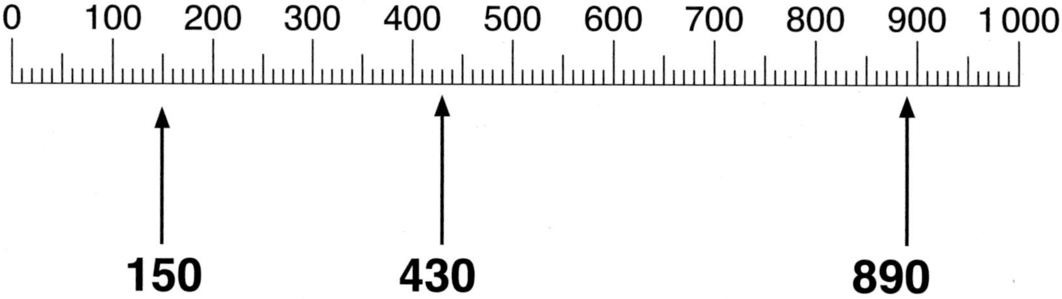

Das Tausenderbuch

Du kennst sicher die Hundertertafel. Um alle Zahlen von 1 bis 1 000 nebeneinander zu schreiben, brauchst du 10 dieser Tafeln hintereinander. Du kannst sie in einem **Tausenderbuch** zusammenfassen. Hier siehst du zwei Ausschnitte:

1	2	3	4	5	6	7	8	9	10
11	12	13	14	15	16	17	18	19	20
21	22	23	24	25	26	27	28	29	30
31	32	33	34	35	36	37	38	39	40
41	42	43	44	45	46	47	48	49	50
51	52	53	54	55	56	57	58	59	60
61	62	63	64	65	66	67	68	69	70
71	72	73	74	75	76	77	78	79	80
81	82	83	84	85	86	87	88	89	90
91	92	93	94	95	96	97	98	99	100

701	702	703	704	705	706	707	708	709	710
711	712	713	714	715	716	717	718	719	720
721	722	723	724	725	726	727	728	729	730
731	732	733	734	735	736	737	738	739	740
741	742	743	744	745	746	747	748	749	750
751	752	753	754	755	756	757	758	759	760
761	762	763	764	765	766	767	768	769	770
771	772	773	774	775	776	777	778	779	780
781	782	783	784	785	786	787	788	789	790
791	792	793	794	795	796	797	798	799	800

  **Male die Vorlagen für das Deckblatt an und schreibe deinen Namen auf die Linie.**

  **Schneide die Vorlagen aus. Klebe sie auf dein Lapbook.**

Ich erobere den Tausender!

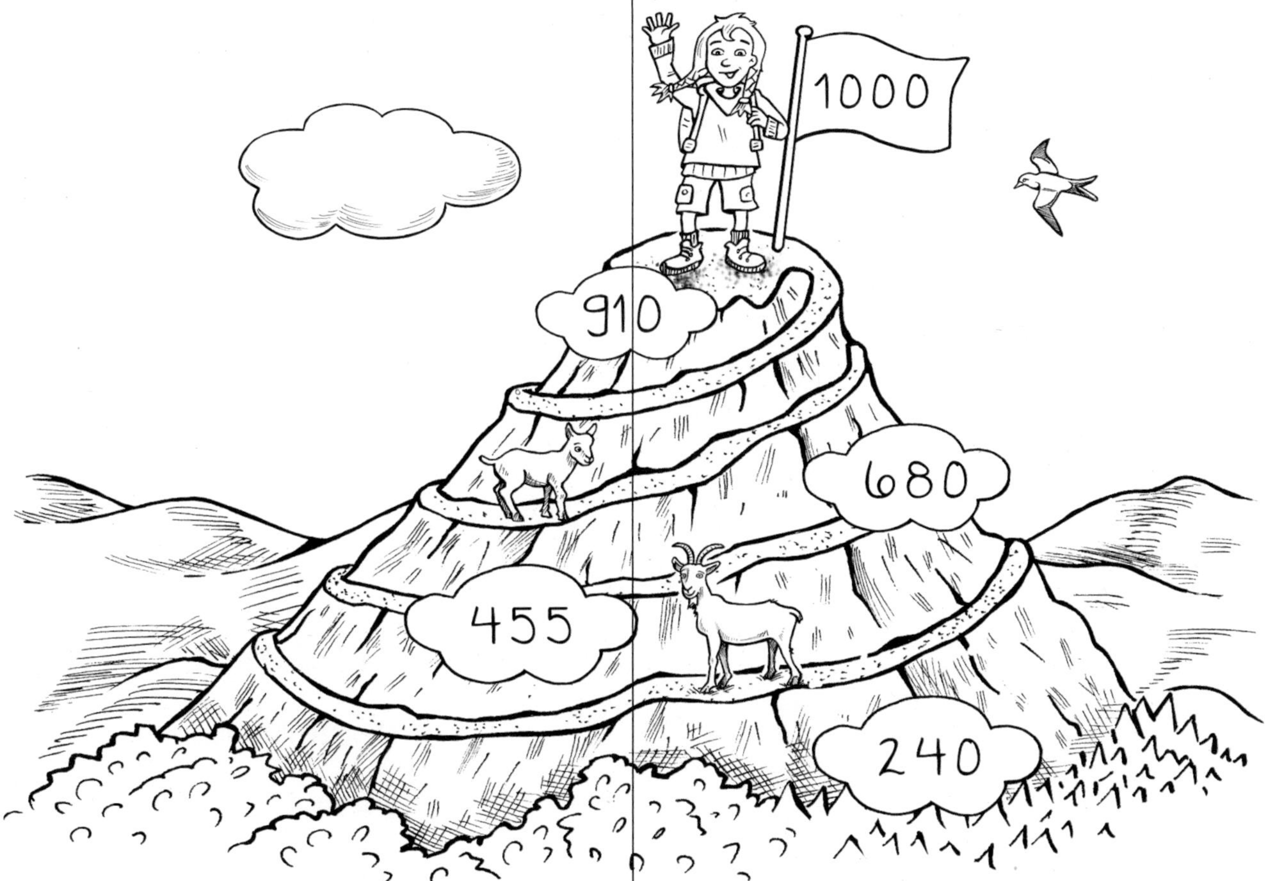

1000

910

680

455

240

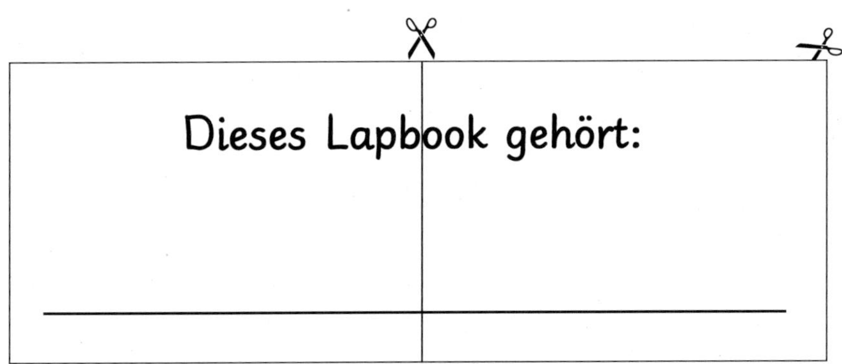

Fülle die Lücken.

Schneide die Vorlage aus und falte sie. Das Deckblatt für den Klappdeckel findest du auf der nächsten Seite.

Klebe die Klappkarte auf dein Lapbook.

1	**Einer**

1	**Zehner**
	besteht aus …
	Einern

1	**Hunderter**
	besteht aus …
	Einern oder
	Zehnern

1	**Tausender**
	besteht aus …
	Einern oder
	Zehnern oder
	Hundertern

Schneide die Vorlage aus.

Klebe das Deckblatt von außen auf die Klappkarte.

Schneide dann die drei Linien ein.

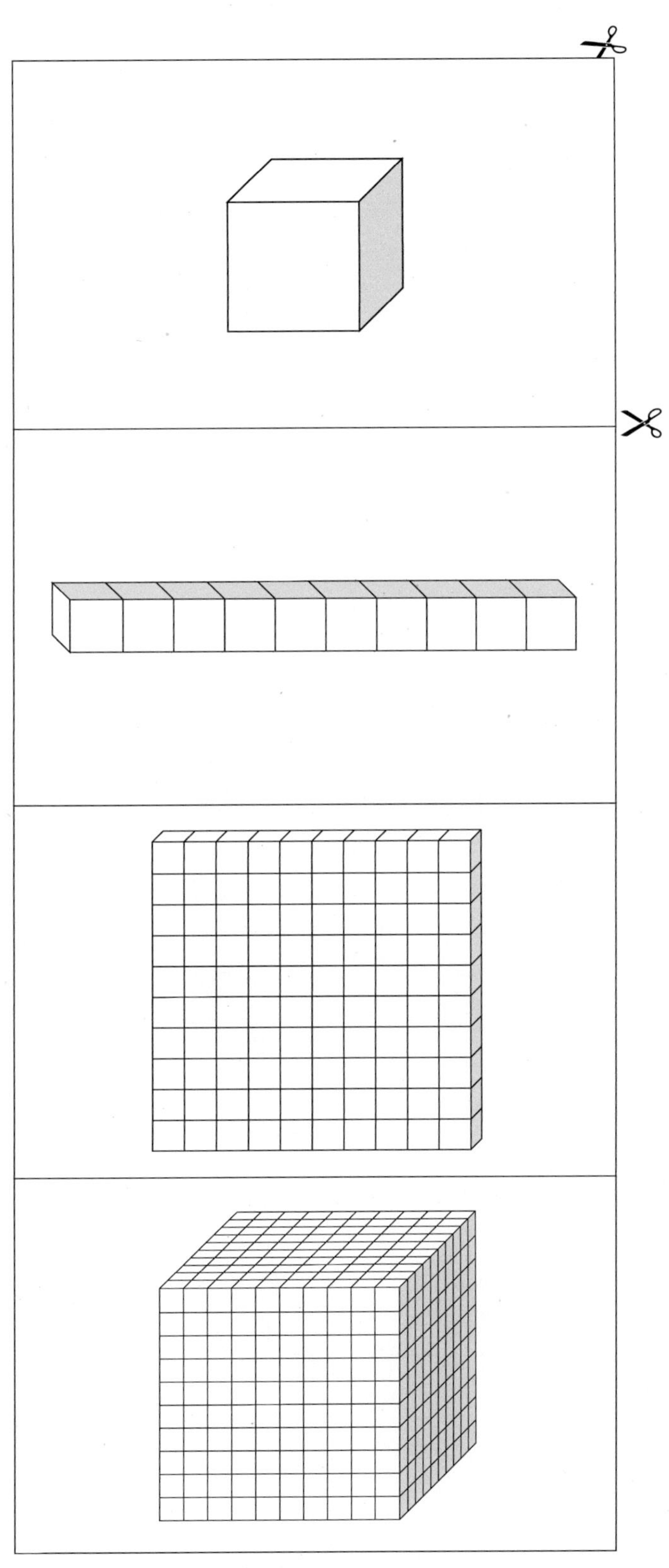

 **Kreuze an, welche Aussagen stimmen.**

 **Schneide die Vorlage aus und falte die Klappkarte.**

 **Klebe die Klappkarte auf dein Lapbook.**

Welche Aussagen stimmem?

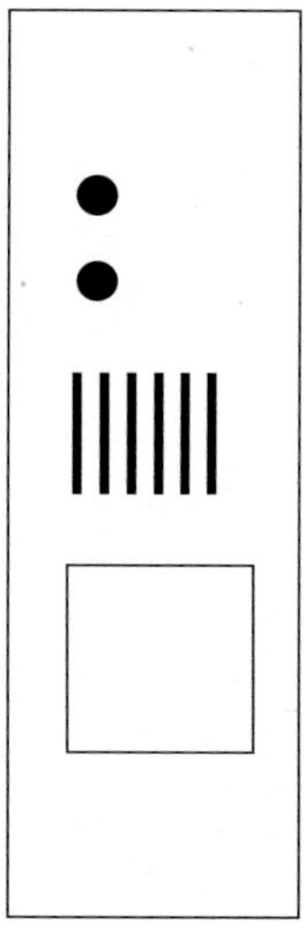

☐ 1 H + 6 Z + 2 E

☐ 172

☐ 100 + 60 + 2

☐

T	H	Z	E
1	0	6	2

 **Binde die Zahlenballone an der richtigen Stelle fest.**

 **Schneide die Vorlage aus und falte sie.**

 **Klebe die Klappkarte auf dein Lapbook.**

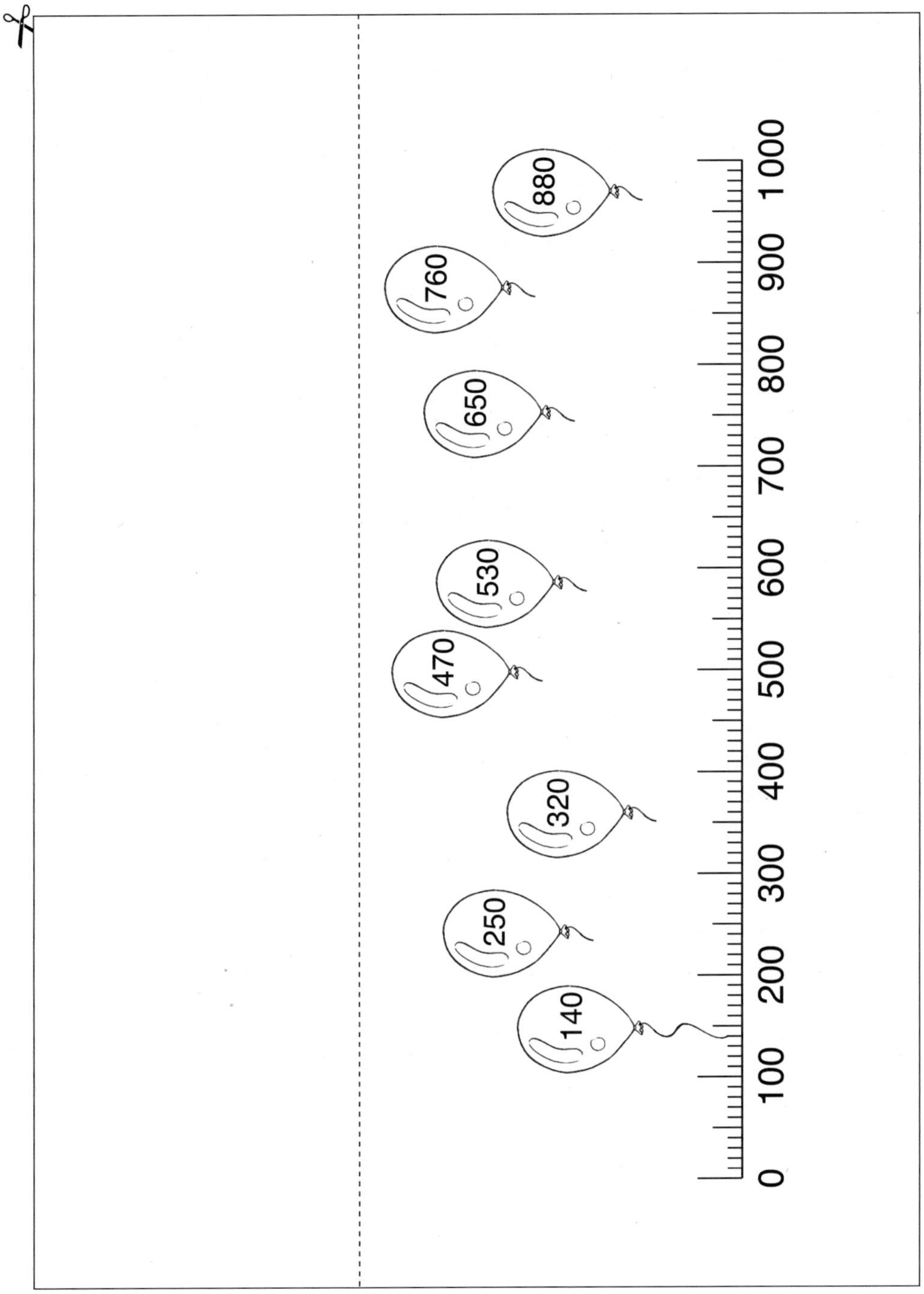

140 250 320 470 530 650 760 880

0 100 200 300 400 500 600 700 800 900 1 000

Schneide die Vorlage für die Tasche aus und falte sie so, dass das Bild vorne ist.

Klebe die Seitenlaschen fest. Klebe die Tasche auf dein Lapbook.

Schneide die Vorlagen für das Tausenderbuch aus.

Klebe sie an den Klebeflächen aneinander. Falte das Buch wie ein Leporello. Stecke dein fertiges Tausenderbuch in die Tasche.

Beim Tausenderbuch sind Lücken. Die Aufgaben dazu findest du bei den Forscheraufgaben.

Tausenderbuch von

____

1	2	3	4	5	6	7	8	9	10
11	12	13	14	15	16	17	18	19	20
21	22	23	24	25	26	27	28	29	30
31	32	33	34	35	36	37	38	39	40
41	42	43	44	45	46	47	48	49	50
51	52	53	54	55	56	57	58	59	60
61	A	63	64	65	66	67	68	69	70
71	72	73	74	75	76	77	78	79	B
81	82	83	84	85	86	87	88	89	90
91	C	93	94	95	96	97	98	99	100

101	102	103	104	105	106	107	108	109	110
111	112	113	114	115	116	117	118	119	120
121	122	123	124	125	126	127	128	129	130
131	132	133	134	135	136	137	138	139	140
141	142	143	144	145	146	147	148	149	150
151	152	153	D	155	156	157	158	159	160
161	162	163	164	E	166	167	168	169	170
171	172	173	174	175	176	177	178	179	180
181	182	183	184	185	186	187	188	189	190
191	192	193	194	195	196	197	198	199	200

201	202	203	204	F	206	207	208	209	210
211	212	213	214	215	216	217	218	219	220
221	222	223	224	225	226	227	228	229	230
231	232	233	234	235	236	237	238	239	240
241	242	243	244	245	246	247	248	249	250
251	252	253	254	255	256	257	258	259	260
261	262	263	264	265	266	267	268	G	270
271	272	273	274	275	276	277	278	279	280
281	282	283	284	285	286	287	H	289	290
291	292	293	294	295	296	297	298	299	300

301	302	303	304	305	306	307	308	309	310
311	312	313	314	315	316	317	318	319	I
321	322	323	324	325	326	327	328	329	330
331	332	333	334	335	336	337	338	339	340
341	342	343	344	345	346	347	348	349	350
351	352	353	354	355	356	357	358	359	360
361	362	363	364	365	366	367	368	369	370
371	372	373	374	375	376	377	378	379	380
381	382	383	384	385	386	387	388	389	390
391	392	393	394	395	396	397	398	399	400

401	402	403	404	405	406	J	408	409	410
K	412	413	414	415	416	417	418	419	420
421	422	423	424	425	426	427	428	429	430
431	432	433	434	435	436	437	438	439	440
441	442	443	444	445	446	447	448	449	450
451	452	453	454	455	456	457	458	459	460
461	462	463	464	465	466	467	468	469	470
471	472	473	474	475	476	477	478	479	480
481	482	483	484	485	486	487	488	489	490
491	492	493	494	L	496	497	498	499	500

Klebefläche

701	702	703	704	705	706	707	708	709	710
711	712	713	714	715	716	717	718	719	720
721	722	723	724	725	726	R	728	729	730
731	732	733	734	735	736	737	738	739	740
741	S	743	744	745	746	747	748	749	750
751	752	753	754	755	756	757	758	759	760
761	762	763	764	765	766	767	768	769	770
771	772	773	774	775	776	777	778	779	780
781	782	783	784	785	786	787	T	789	790
791	792	793	794	795	796	797	798	799	800

601	602	603	604	605	606	607	608	609	610
611	612	613	614	615	616	617	618	619	620
621	622	623	624	625	626	627	628	629	630
631	632	633	634	635	636	O	638	639	640
641	642	643	644	645	646	647	648	649	650
651	652	653	654	655	656	657	658	659	660
661	662	663	P	665	666	Q	668	669	670
671	672	673	674	675	676	677	678	679	680
681	682	683	684	685	686	687	688	689	690
691	692	693	694	695	696	697	698	699	700

501	502	503	504	505	506	507	508	509	510
511	512	513	514	515	516	517	518	519	520
521	522	523	524	525	526	527	528	529	530
531	532	533	534	535	536	537	538	539	540
541	542	543	544	545	M	547	548	549	550
551	552	553	554	N	556	557	558	559	560
561	562	563	564	565	566	567	568	569	570
571	572	573	574	575	576	577	578	579	580
581	582	583	584	585	586	587	588	589	590
591	592	593	594	595	596	597	598	599	600

Klebefläche

901	902	903	904	905	906	907	908	909	X
911	912	913	914	915	916	917	918	919	920
921	922	923	924	925	926	927	928	929	930
931	932	933	934	935	936	937	938	939	940
941	Y	943	944	945	946	947	948	949	950
951	952	953	954	955	956	957	958	959	960
961	962	963	964	965	966	967	968	969	970
971	972	973	974	975	976	977	978	979	980
981	982	983	Z	985	986	987	988	989	990
991	992	993	994	995	996	997	998	999	1000

801	802	803	804	805	806	807	808	809	810
811	U	813	814	815	816	817	818	819	V
821	822	823	824	825	826	827	828	829	830
831	832	833	834	835	836	837	838	839	840
841	842	843	844	845	846	847	848	849	850
851	852	853	854	855	856	857	858	859	860
861	862	863	864	865	866	W	868	869	870
871	872	873	874	875	876	877	878	879	880
881	882	883	884	885	886	887	888	889	890
891	892	893	894	895	896	897	898	899	900

Klebefläche

Schneide die Vorlage für die Tasche aus und falte sie so, dass das Bild vorne ist.

Klebe die Seitenlaschen fest. Klebe die Tasche auf dein Lapbook.

Forscheraufgaben

Klebe die Forscherkarten auf Tonpapier und schneide sie aus.

Stecke die Forscherkarten in die Tasche.

Kannst du alle Aufgaben lösen?

Welche Zahlen fehlen im Tausenderbuch?

A = ________	H = ________
B = ________	I = ________
C = ________	J = ________
D = ________	K = ________
E = ________	L = ________
F = ________	M = ________
G = ________	N = ________

Welche Zahlen fehlen im Tausenderbuch?

O = ________	U = ________
P = ________	V = ________
Q = ________	W = ________
R = ________	X = ________
S = ________	Y = ________
T = ________	Z = ________

Stelle die Zahl dar!

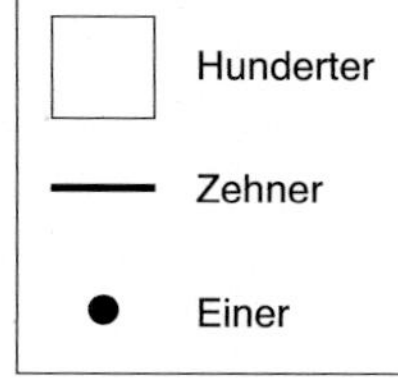

362

Finde die versteckten Zahlen!

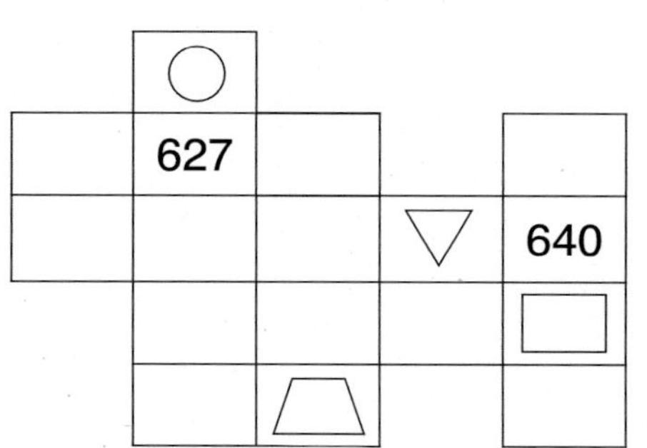

○ = ________ □ = ________

⏢ = ________ △ = ________

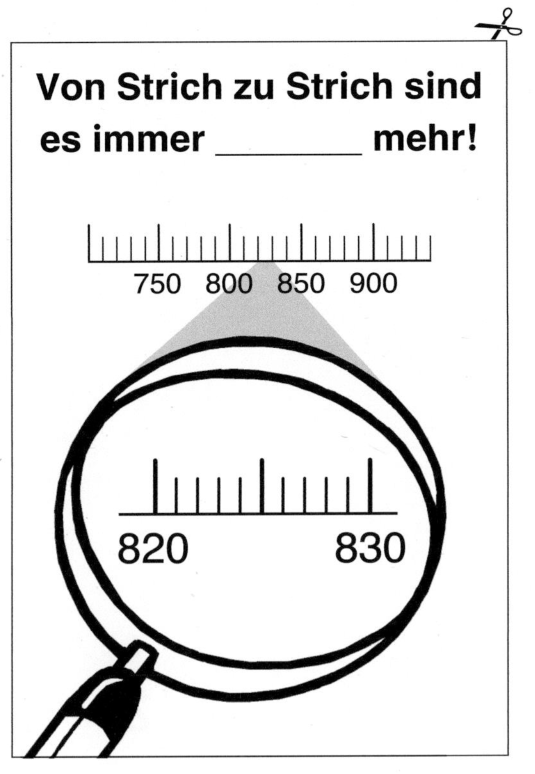
Von Strich zu Strich sind
es immer ________ mehr!
750 800 850 900
820
830

Finde die
Nachbarzahlen!
237

Schreibe die Zahl!
siebenhundertvierundneunzig

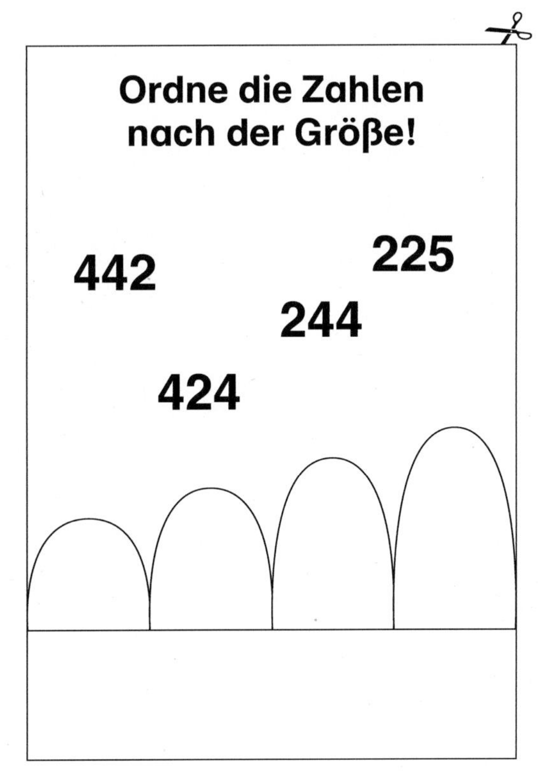
Ordne die Zahlen
nach der Größe!
442
225
244
424

Fülle die Lücken.

Schneide die Vorlage und die Bildkarte aus.

Falte die Klappkarte. Klebe die Bildkarte von außen auf den Klappdeckel. Klebe die Klappkarte auf dein Lapbook.

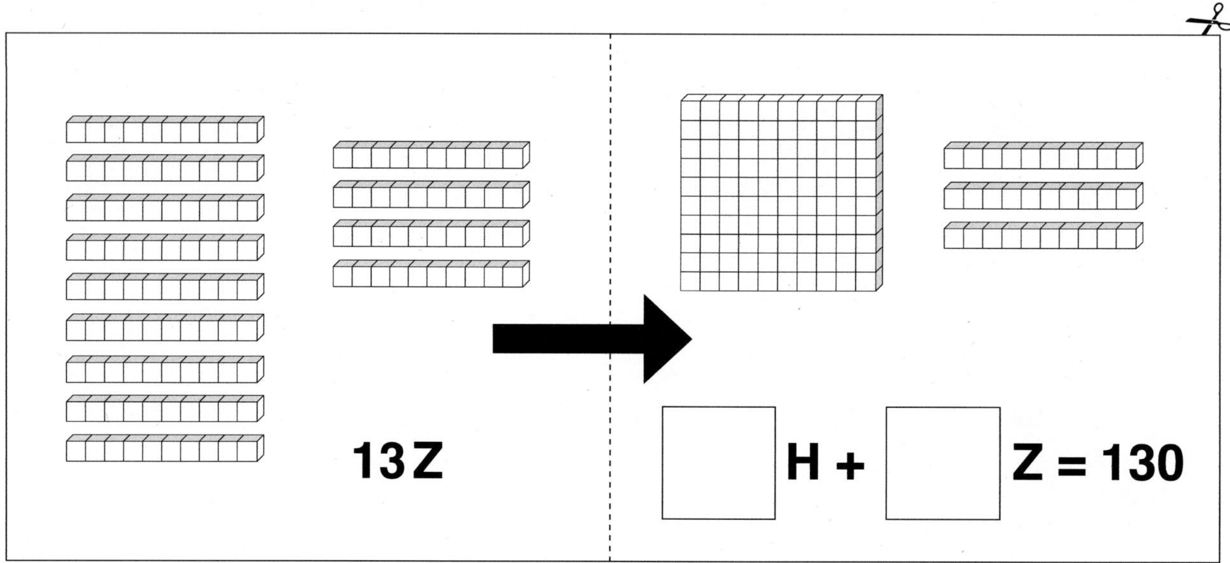

Informiere dich.
Lies die Infokarte oder lass sie dir vorlesen.

Körper benennen und beschreiben

Es gibt viele verschiedene **Körper**. Du kannst sie an ihrer Form erkennen.

Quader

Würfel 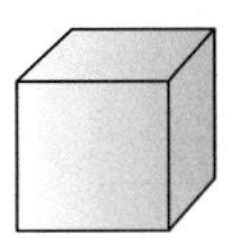

Pyramide 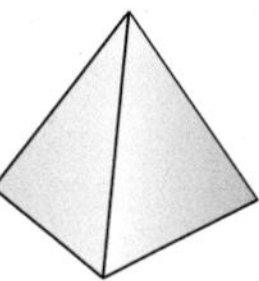

Zylinder 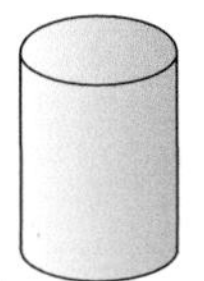

Kegel 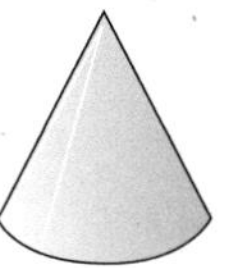

Kugel 

Jeder Körper hat andere **Eigenschaften**. Der eine ist rund, der andere eckig und ein anderer spitz. Um einen Körper genau zu beschreiben, helfen dir die folgenden Begriffe:

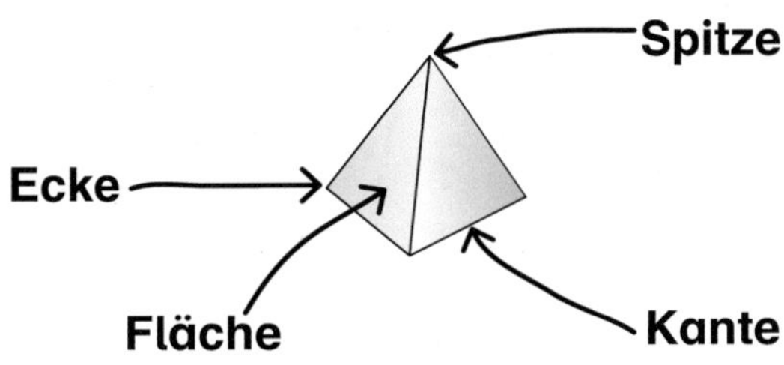

Baupläne

Aus einem Körper lassen sich neue Körper formen. Wenn du einzelne Würfel wie im **Bauplan** zusammensetzt, erhältst du dieses **Würfelgebäude**:

Bauplan

1	1	1	1
1	2	1	1
1	1	1	1

Würfelgebäude

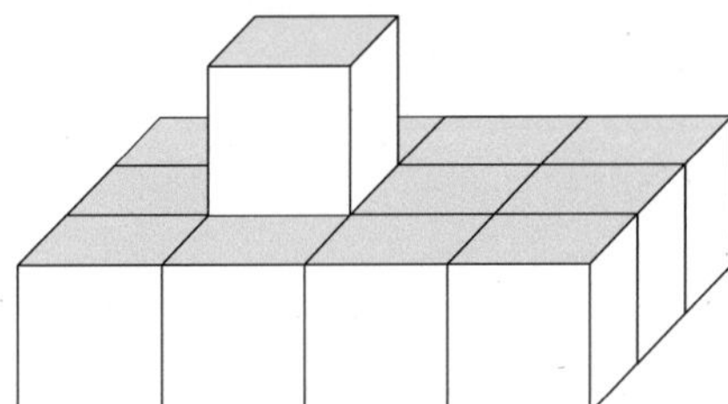

 **Male die Vorlagen für das Deckblatt an und schreibe deinen Namen auf die Linie.**

 **Schneide die Vorlagen aus. Klebe sie auf dein Lapbook.**

Körper

Dieses Lapbook gehört:

____

Schneide die Bildkarten, die Klappvorlagen und die Textkarten aus.

Klebe die Bildkarten von außen auf die Klappdeckel. Klebe die Klappkarten auf dein Lapbook. Klebe nun die Textkarten unter die richtigen Körper.

Fülle die Lücken. Schreibe dazu jeweils die richtige Anzahl auf die Linie.

Ecken: ________

Kanten: ________

Flächen: ________

Spitze: ________

Ecken: ________

Kanten: ________

Flächen: ________

Spitze: ________

Ecken: ________

Kanten: ________

Flächen: ________

Spitze: ________

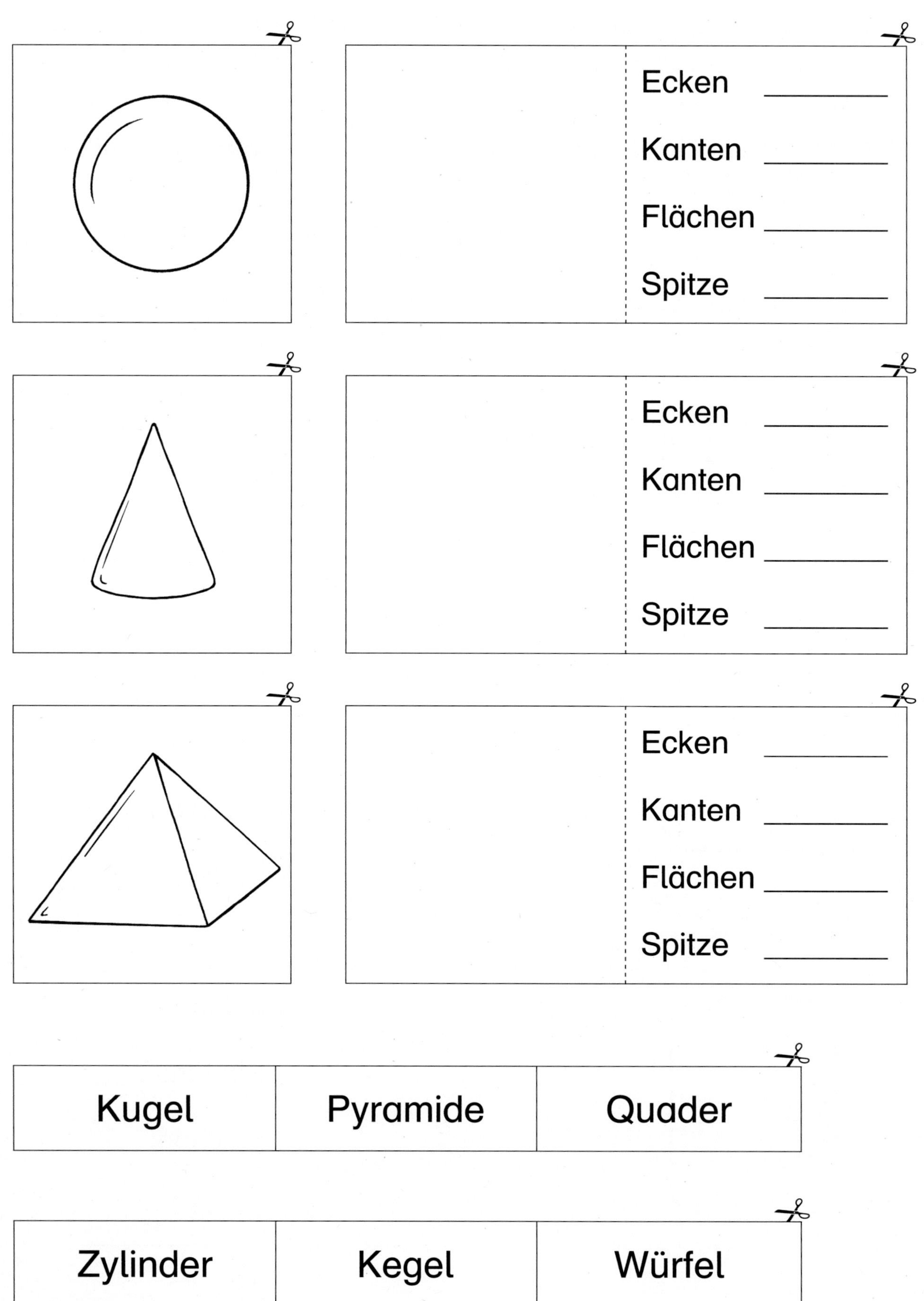

Ecken
Kanten
Flächen
Spitze
Ecken
Kanten
Flächen
Spitze
Ecken
Kanten
Flächen
Spitze
Kugel
Pyramide
Quader
Zylinder
Kegel
Würfel

Markiere bei den Körpern: Ecken rot, Flächen gelb, Kanten blau, Spitze grün.

Schneide die Vorlagen aus.

Falte die Klappkarte.

Klebe die Bildkarte von außen auf den Klappdeckel.
Klebe die Vorlage auf dein Lapbook.

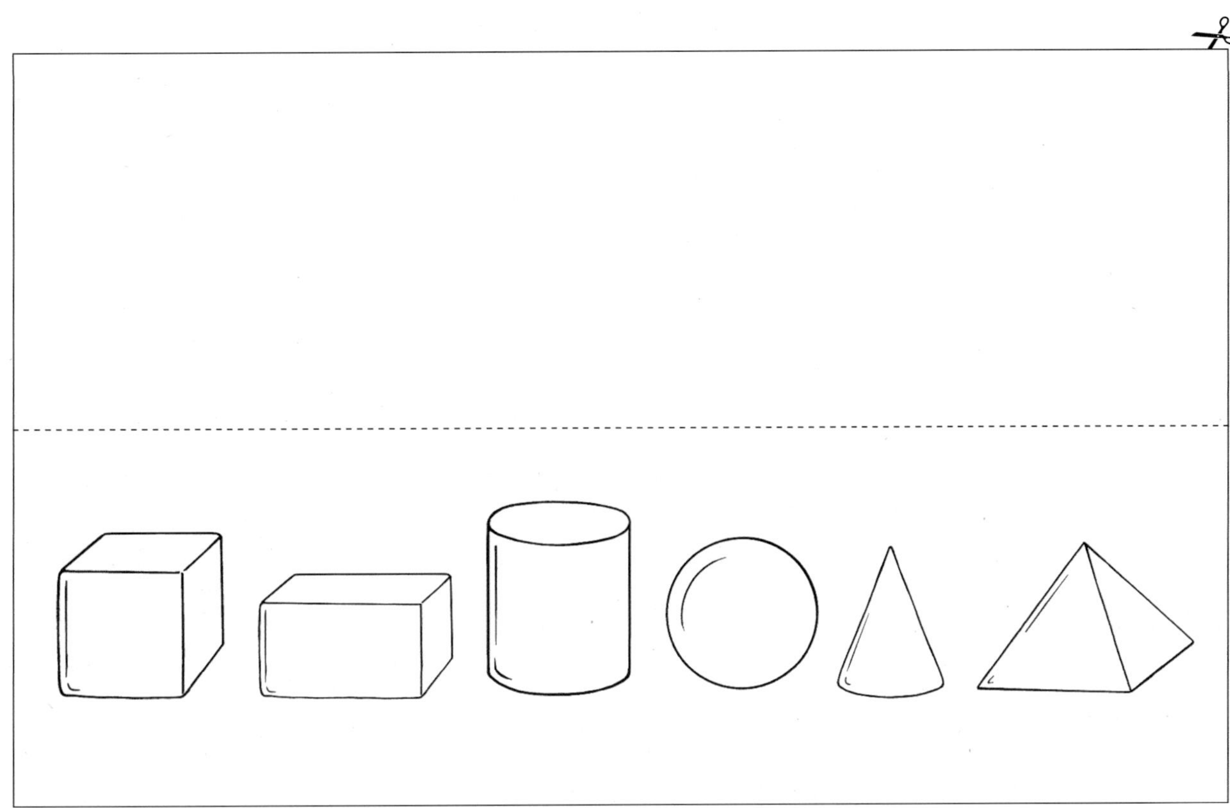

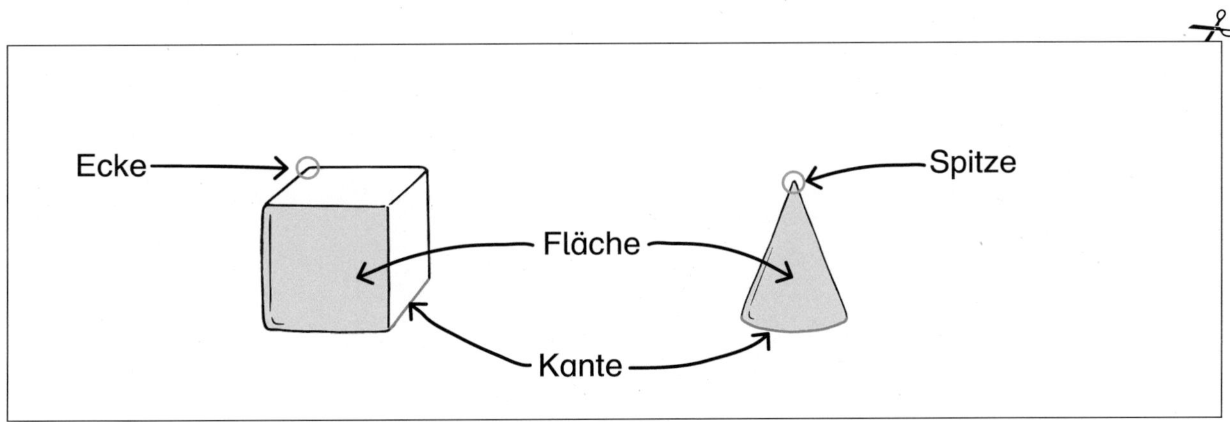

Schneide die Klappvorlage und die Bildkarten aus.
Falte die Klappkarte und schneide sie an den fünf Linien ein.

Klebe die Bilder von außen auf den richtigen Klappdeckel.
Klebe die Vorlage auf dein Lapbook.

	Quader
	Würfel
	Zylinder
	Kugel
	Kegel
	Pyramide

Welche Körper sind hierin versteckt? Kreuze die jeweiligen Kästchen an und male die Körper auf die Fläche links daneben.

Schneide die Vorlage und die Bildkarten aus. Schneide auch die zwei Linien ein.

Falte die Vorlage. Klebe die Bildkarten von außen auf den Klappdeckel. Klebe die Klappkarte in dein Lapbook.

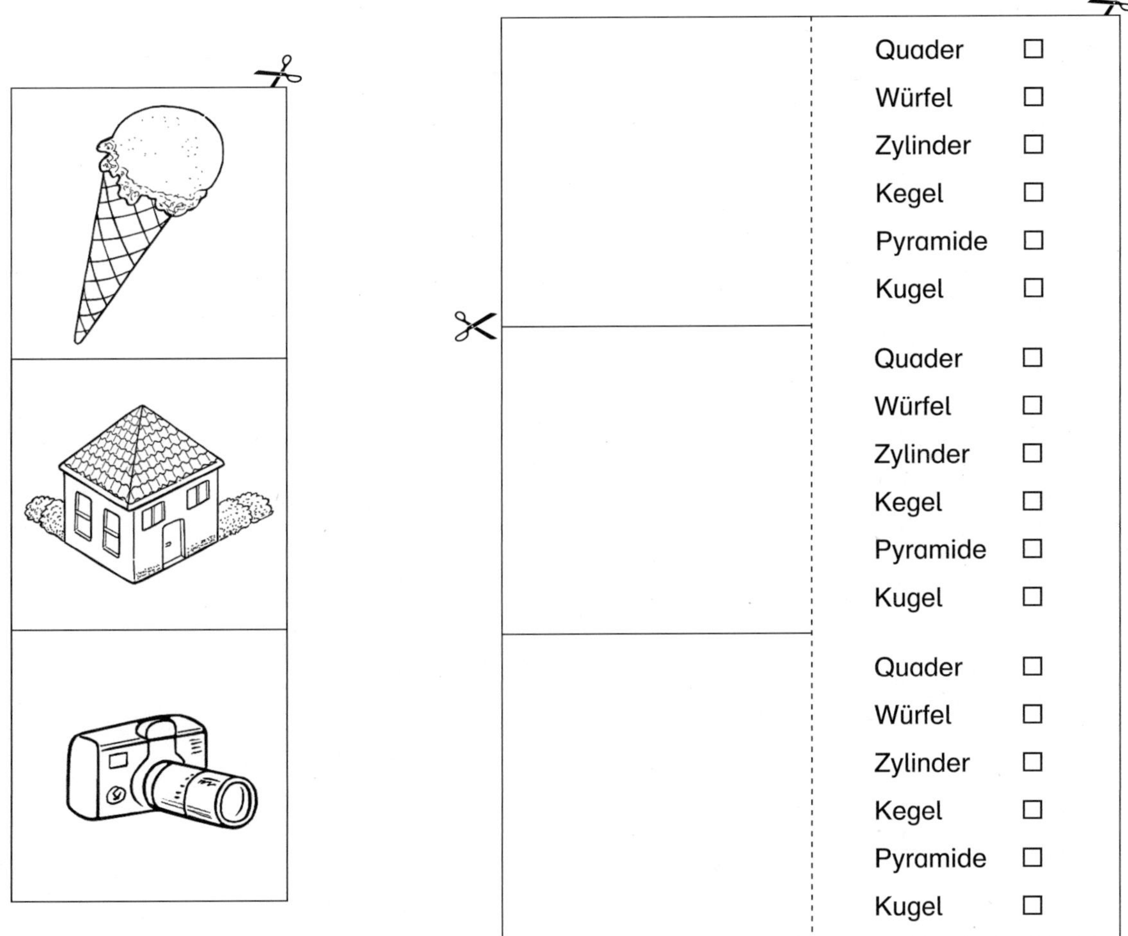

Schreibe den fehlenden Bauplan zum Würfelgebäude.

Schneide die Klappvorlage, die Bildkarten und die Textkarten aus. Schneide auch die Linie ein.

Klebe die Textkarten an die richtige Stelle. Falte die Klappkarte. Klebe die Bildkarten von außen auf den richtigen Klappdeckel und die Klappkarte in dein Lapbook.

Bauplan

Würfelgebäude

Klebefläche

Klebefläche

1	1	1
2	1	1
0	2	1

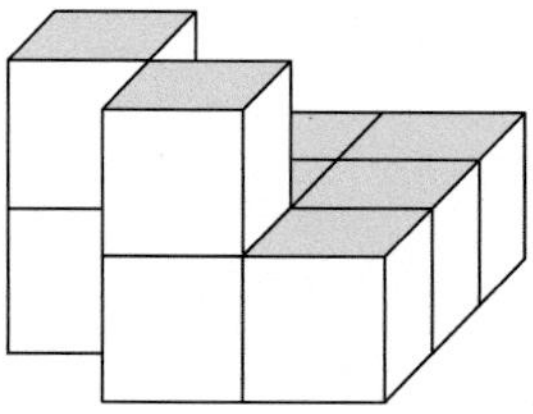

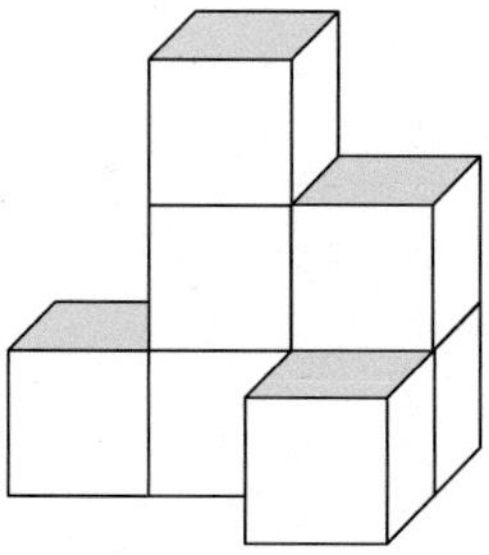

Informiere dich.
Lies die Infokarte oder lass sie dir vorlesen.

Gewichte benennen und umrechnen

Einheiten

Wie jede Größe hat auch das Gewicht eine **Einheit**: das **Gramm**.
Gramm wird mit **g** abgekürzt. Du kannst Gewichte aber auch in **Kilogramm** angeben.
Dann schreibst du **kg**. 1 000 g ist genauso viel wie 1 kg.

Umrechnung

Du kannst Gewichte also in kg oder in g angeben:

1 000 g ⟶ 1 kg
500 g ⟶ ½ kg (gelesen: ein halbes Kilogramm)
250 g ⟶ ¼ kg (gelesen: ein viertel Kilogramm)

Messgeräte zum Wiegen

Um das Gewicht messen zu können, brauchst du eine **Waage**.
Es gibt verschiedene Waagen:

Personenwaage: Mit dieser Waage kannst du das Gewicht von Personen messen.

Küchenwaage: Mit dieser Waage kannst du Zutaten fürs Kochen und Backen abwiegen.

Balkenwaage: Mit ihr kannst du unter anderem Gewichte von Gegenständen vergleichen. Ist die Waage im Gleichgewicht, sind die beiden Gegenstände gleich schwer.

  **Male die Vorlagen für das Deckblatt an und schreibe deinen Namen auf die Linie.**

Schneide die Vorlagen aus. Klebe sie auf dein Lapbook.

Gewichte

Dieses Lapbook gehört:

____

Schreibe auf die Linien die jeweilige Einheit: Kilogramm und Gramm.

Schneide die Vorlagen aus. Lege sie aufeinander, sodass die Vorlage 1 oben ist, und hefte sie mit einer Musterklammer zusammen.

Klebe die unterste Vorlage 3 auf dein Lapbook.

①

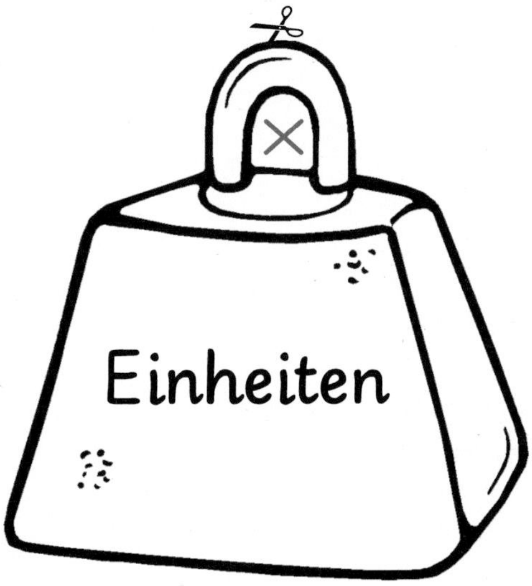

Einheiten

②

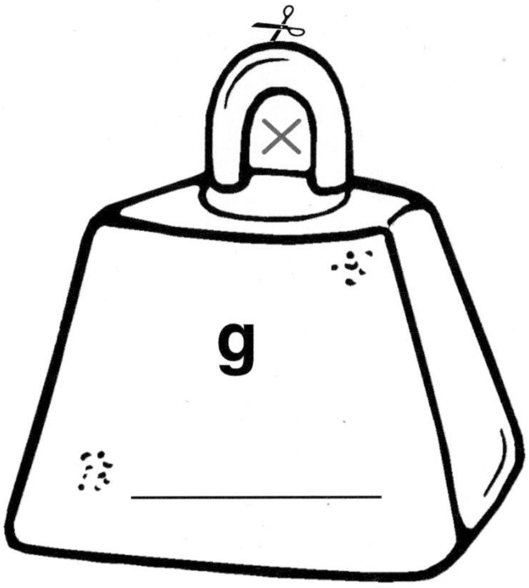

g

____

③

kg

____

Schneide die Vorlagen aus. Klappe die Wiegeschale nach oben und klebe sie nur an den Punktklebeflächen zusammen.

Beschrifte die Außenseite der Wiegeschale mit dem richtigen Name der Waage.

Klebe die Wiegeschale oberhalb der Anzeige auf den Boden der Waage und die fertige Waage auf dein Lapbook.

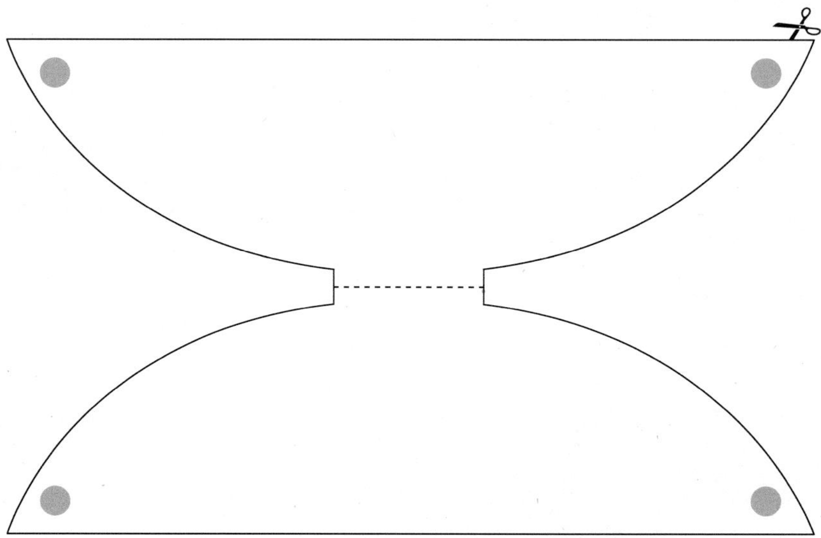

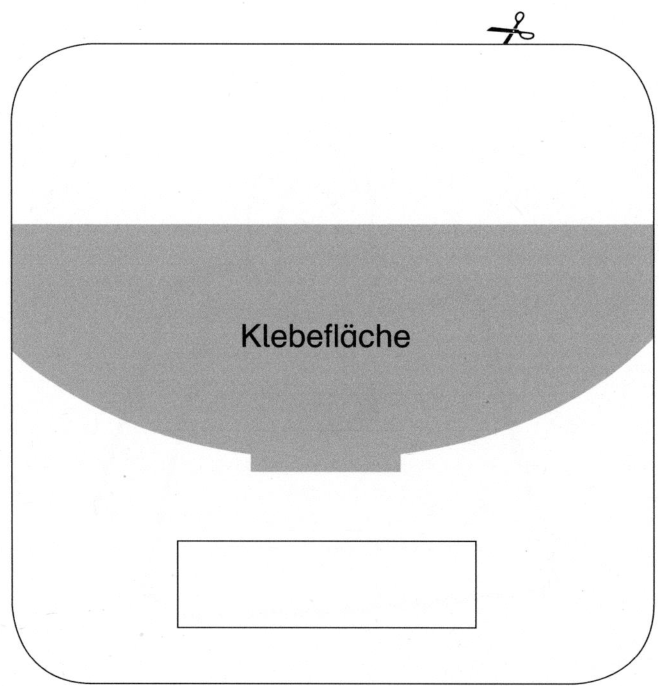

Für deinen Kuchen benötigst du 300 g Mehl, 200 g gemahlene Mandeln, 100 g Zucker und 200 g Butter.

Schneide die Zutatenkarten aus und stecke sie in die Wiegeschale deiner Küchenwaage.

Wie viel zeigt deine Waage an, wenn du alle Zutaten vermengst? Beschrifte die Anzeige.

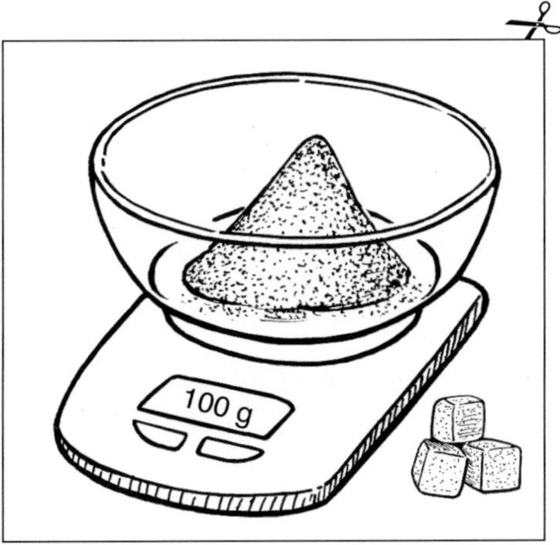

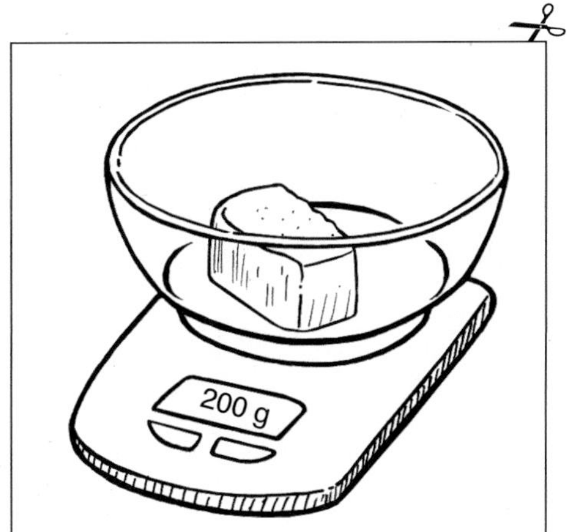

Schneide die Vorlage, die Gewichtkarten und die Brotlaibe aus. Falte die Klappkarte und schneide auch die zwei Linien ein.

Sortiere die Gewichtangaben und die Brotlaibe richtig zueinander und klebe sie von außen auf die Klappdeckel. Klebe die Klappkarte auf dein Lapbook.

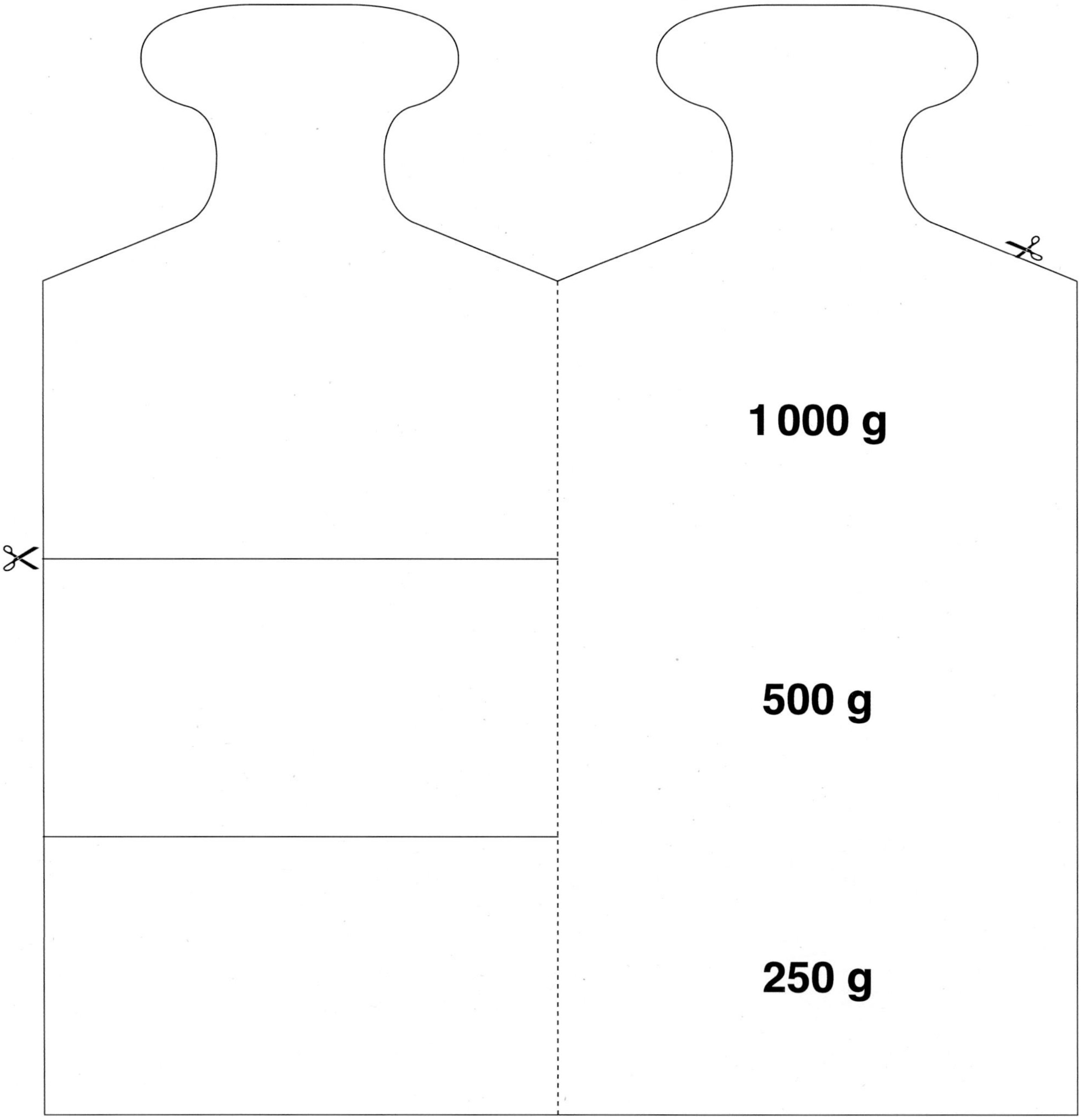

1 000 g

500 g

250 g

$\frac{1}{4}$ kg	1 kg	$\frac{1}{2}$ kg
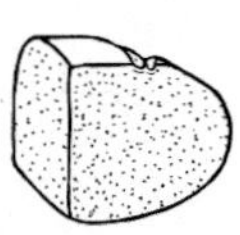	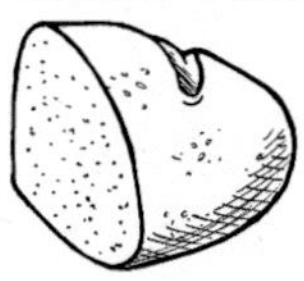	

Schneide die Vorlagen für die Taschen aus und falte sie so, dass der Text vorne ist.

Klebe die Seitenlaschen fest. Klebe die Taschen auf dein Lapbook.

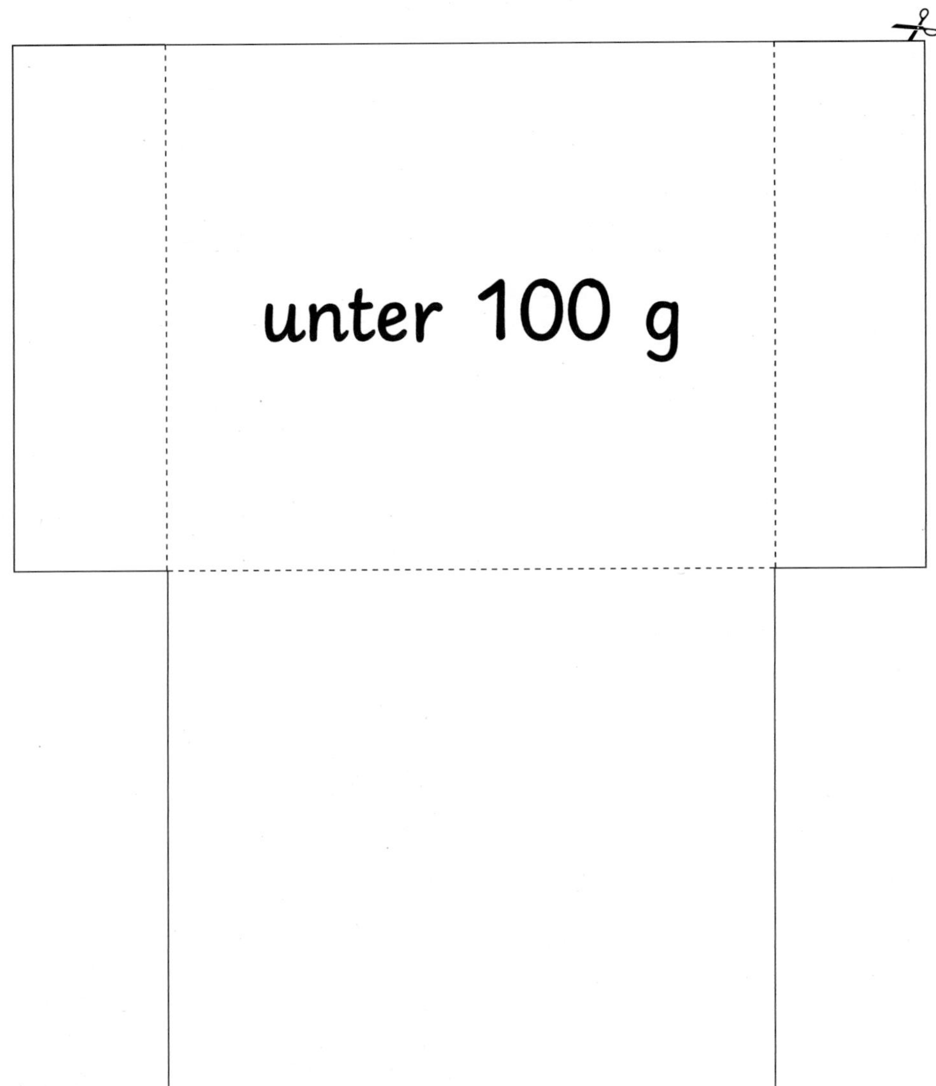

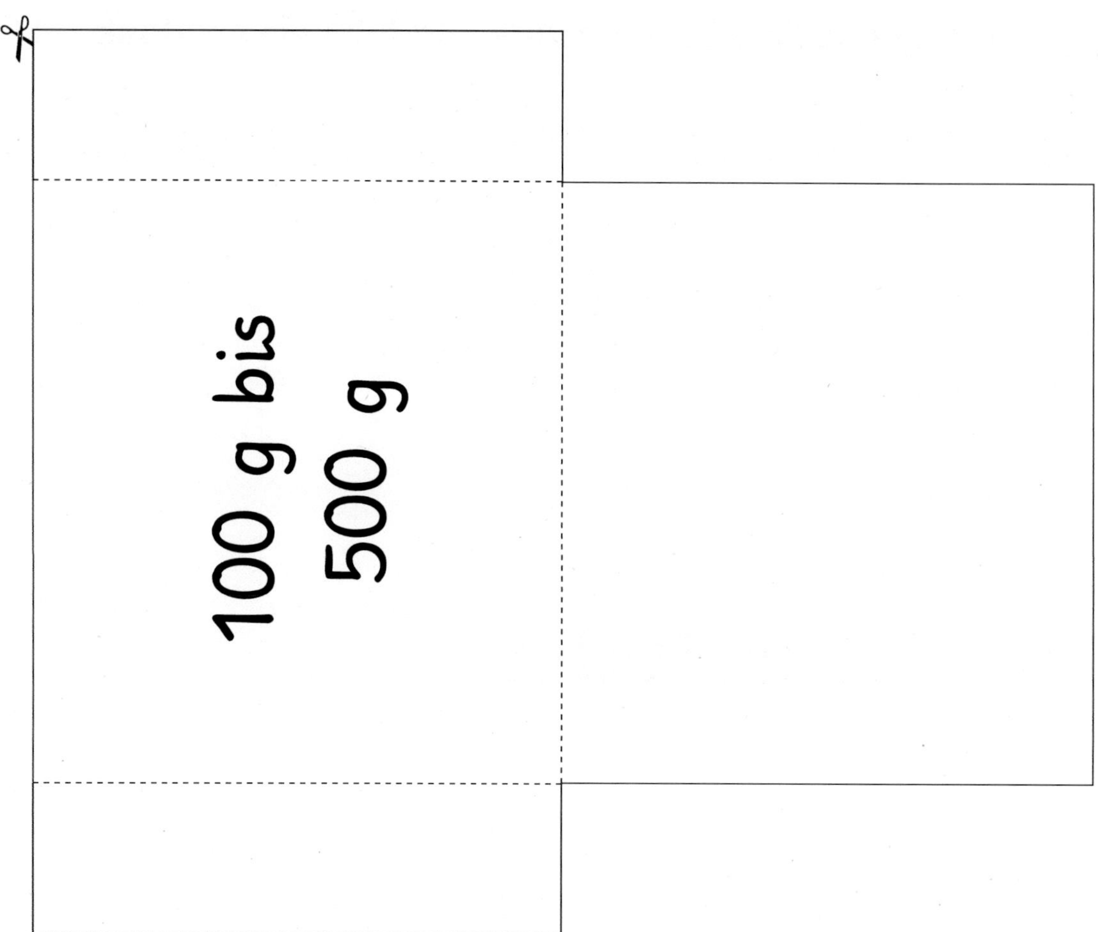
100 g bis
500 g

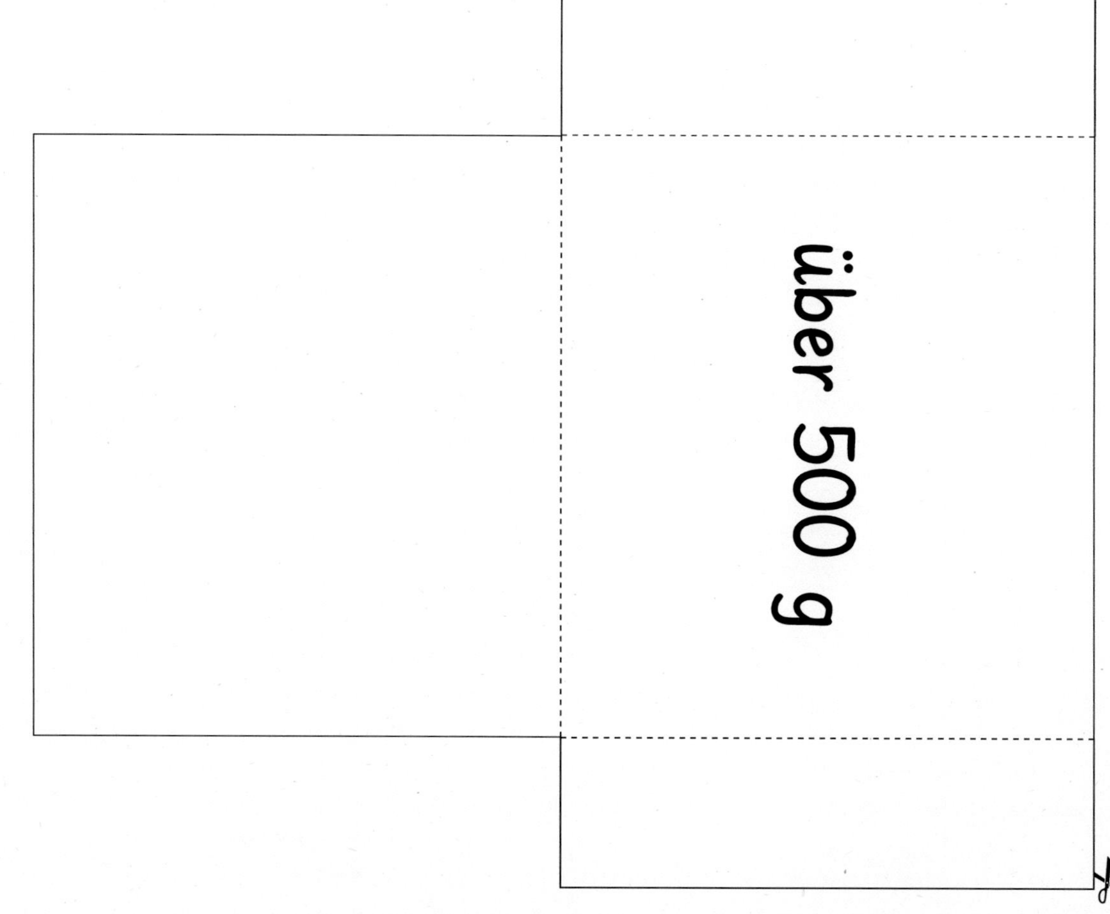
über 500 g

Fülle die Lücken mit Gramm (g) oder Kilogramm (kg).

Falte die Bildkarten und klebe sie zusammen, sodass die Bilder und Gewichtsangaben zu sehen sind.

Stecke die Karten in die jeweils richtige Tasche.

1 ____

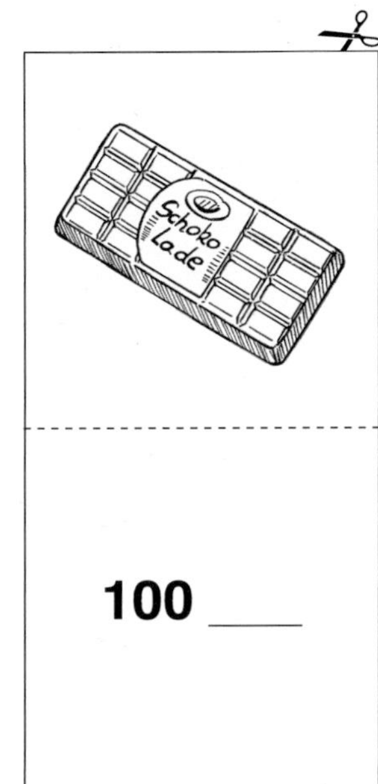

100 ____

150 ____

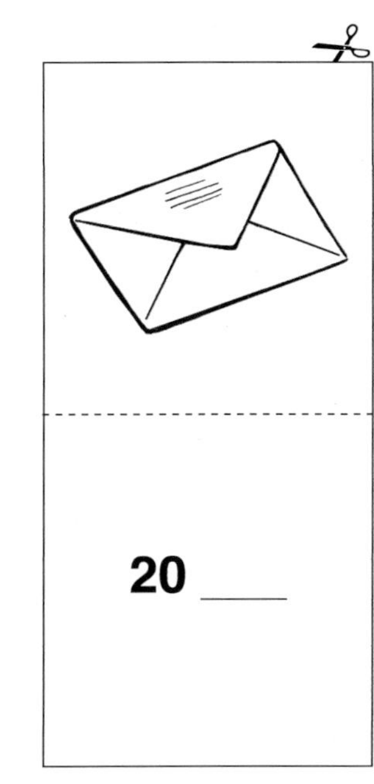

20 ____

1 ____

4 ____

250 ____

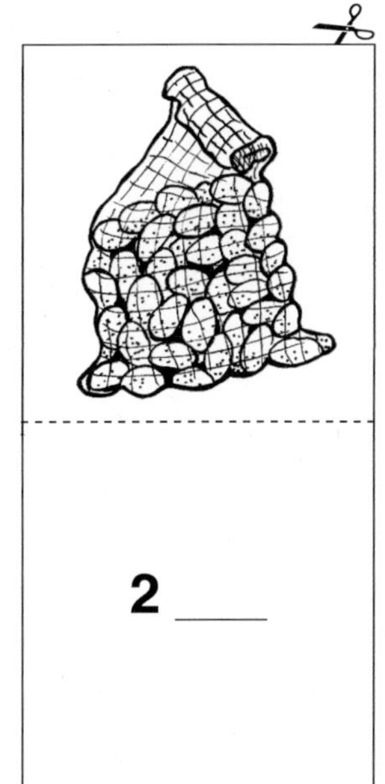

2 ____

Schneide die Vorlage aus und klebe sie auf dein Lapbook.

Beschrifte die Waage mit ihrem richtigen Namen.

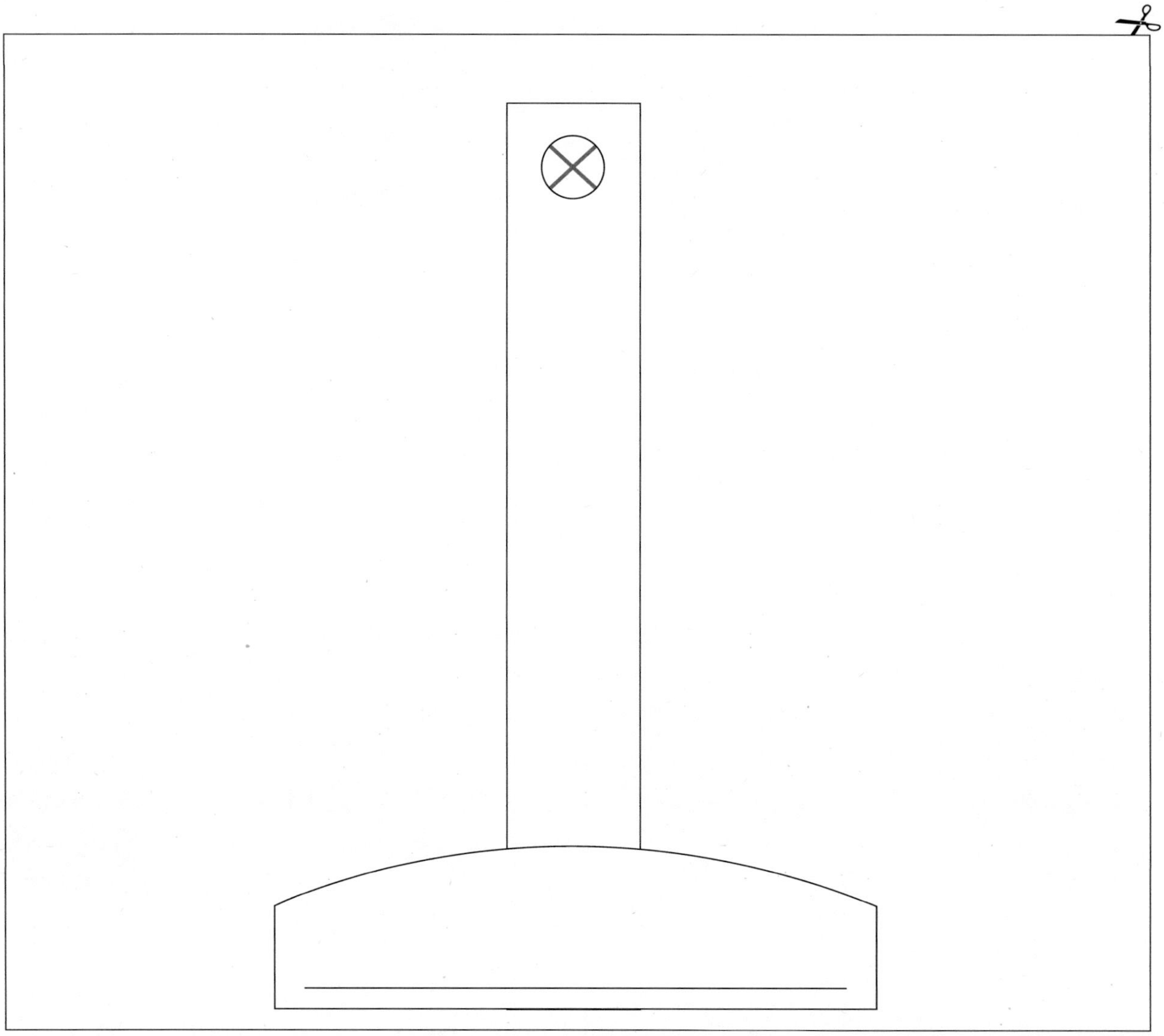

Klebe die Waagschalen zur Verstärkung auf Tonpapier.

Schneide die Vorlage aus.

Klappe die Waageschalen nach oben und klebe sie nur an den kleinen Punktklebeflächen zusammen.

Befestige die Waageschalen mit einer Musterklammer an der Waage.

Nimm die Bildkarten aus den Taschen und lege sie in die Waagschalen.

Schätze, wiege, vergleiche: Was ist schwerer, was ist leichter? Auf der Rückseite der Bildkarten stehen die Gewichtsangaben.

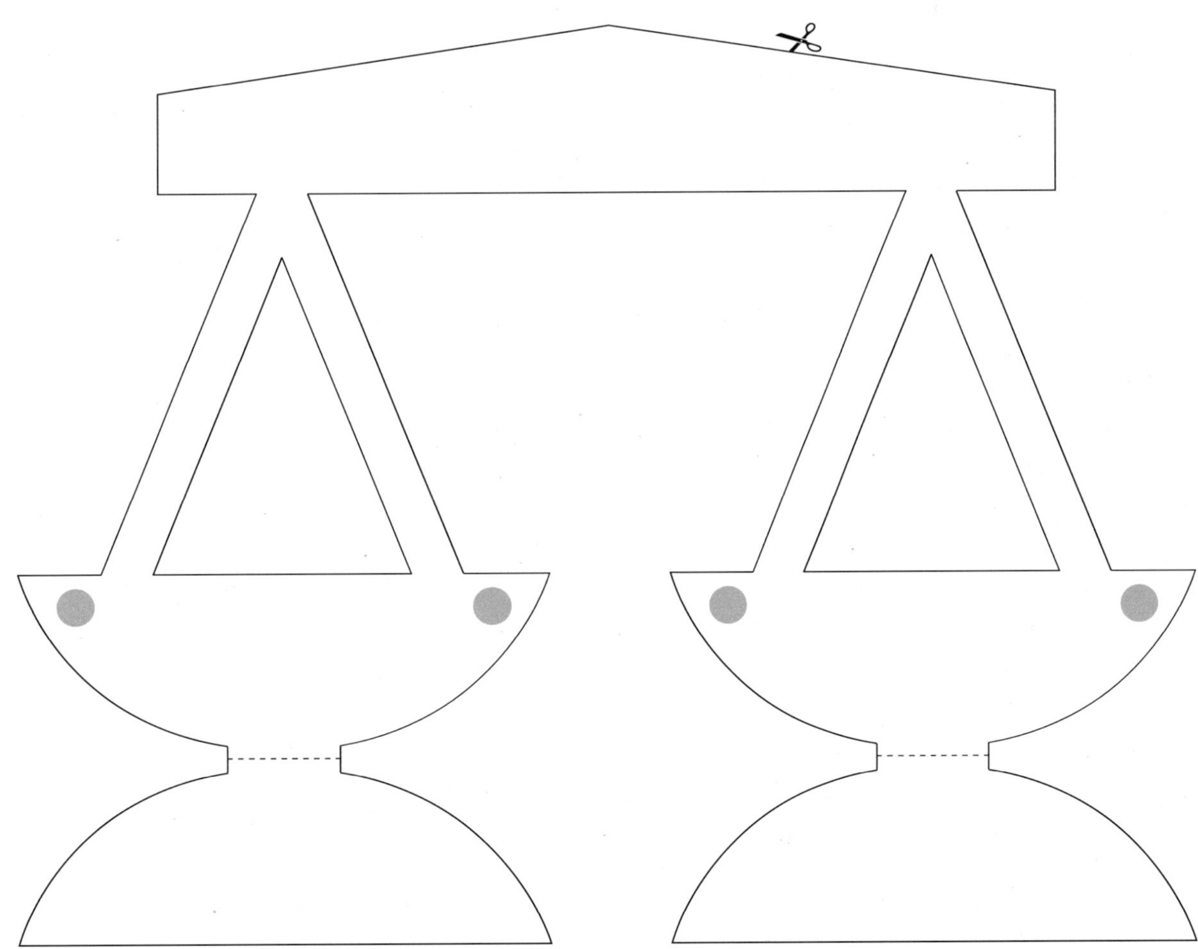

Klebe die Gewichtkarten auf Tonpapier.

Schneide die Gewichtkarten aus und stecke sie in die Tasche zu den Bildkarten.

Lege in eine Schale der Waage eine Bildkarte.

Welche und wie viel Gewichte brauchst du, damit die Waage im Gleichgewicht ist?

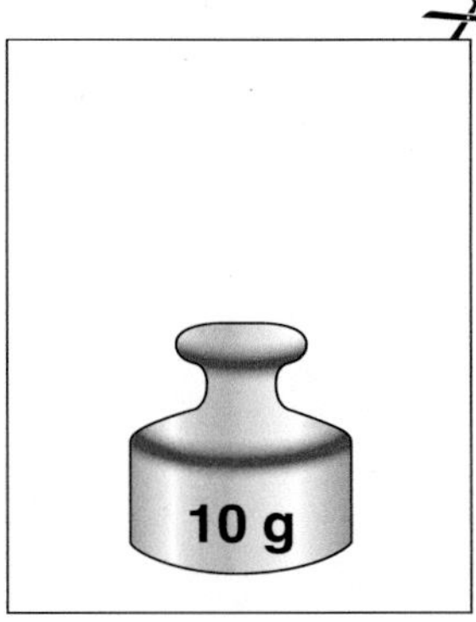

1 000 g	500 g	200 g	200 g
100 g	50 g	20 g	10 g
5 g	2 g	2 g	1 g

Trage in das leere Kästchen der ersten Waage den richtigen Name der Waage ein.
Trage in die leere Anzeige der zweiten Waage ein, wie viel du wiegst.
Trage in das leere Feld darunter deinen Namen ein.

Wie schwer ist deine Mutter, dein Vater, deine Schwester, dein Bruder, deine Oma oder dein Opa? Trage das Gewicht in die leere Anzeige der Waage ein und schreibe in das untere Feld, zu welcher Person das Gewicht gehört.
Ordne die Personen nach dem Gewicht. Beginne mit der schwersten Person.

Schneide die Vorlagen aus.

Klebe die Karten der Reihe nach aufeinander, sodass die Vorlage 1 ganz oben ist. Klebe die Vorlage 6 auf dein Lapbook.

①

②

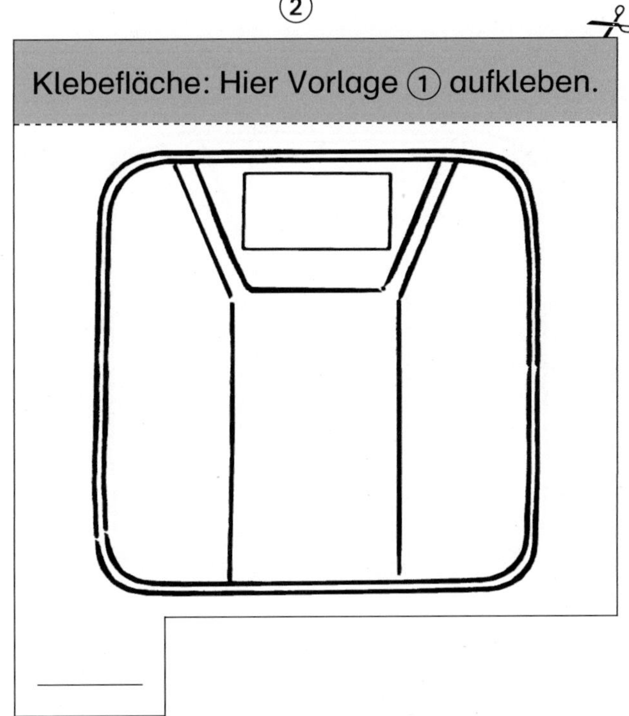

③

Klebefläche: Hier Vorlage ② aufkleben.

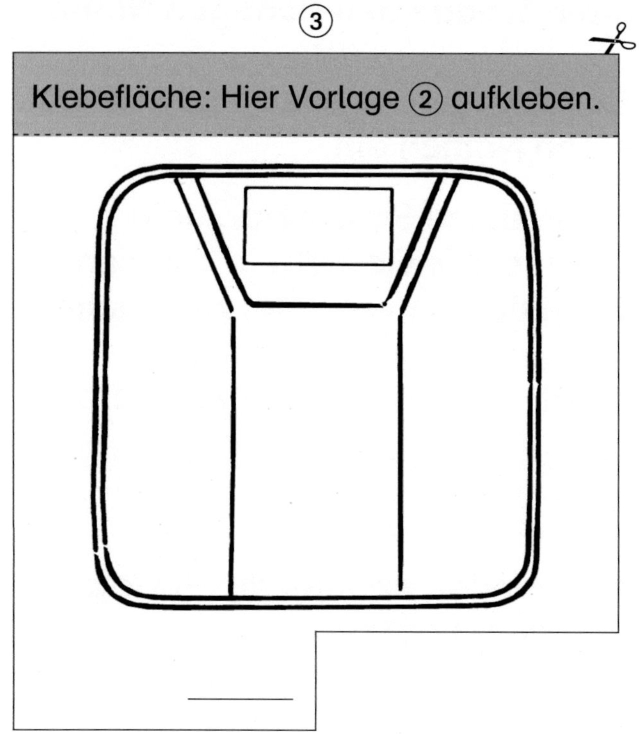

④

Klebefläche: Hier Vorlage ③ aufkleben.

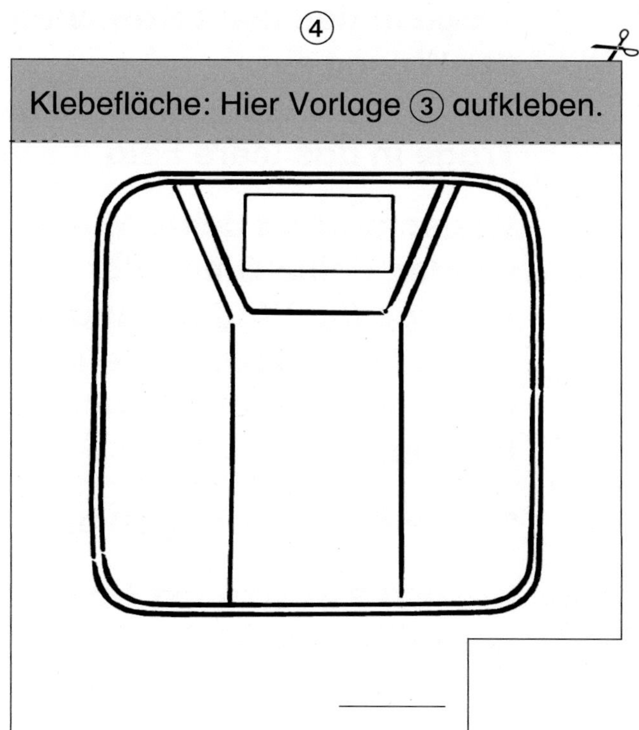

⑤

Klebefläche: Hier Vorlage ④ aufkleben.

⑥

Klebefläche: Hier Vorlage ⑤ aufkleben.

__________ ist schwerer als __________.

__________ ist schwerer als __________.

__________ ist schwerer als __________.

__________ ist schwerer als __________.

Welche Person ist am leichtesten?

____

Nach dem Gewicht ordnen

Informiere dich.
Lies die Infokarte oder lass sie dir vorlesen.

Spiegelbilder erzeugen

Du hast sicher schon einmal in einen Spiegel geschaut und dein Spiegelbild gesehen.

Auch in der Natur gibt es Spiegelbilder. Denn die glatte Wasseroberfläche von Seen funktioniert genauso wie ein Spiegel.

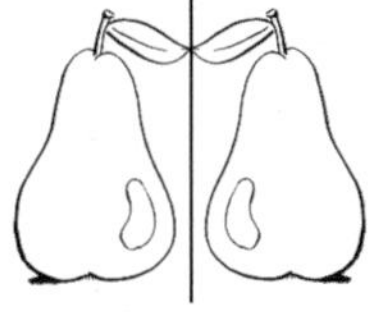

Mithilfe eines Spiegels kannst du von jedem Gegenstand ein Spiegelbild erzeugen. Du kannst Spiegelbilder auch zeichnen. Dazu brauchst du eine Linie, an der du dein Bild spiegeln willst, die **Spiegelachse**.

Du kannst auch Buchstaben spiegeln. Das ist eine gute Geheimschrift. Kannst du das Wort in **Spiegelschrift** lesen?

Achsensymmetrie

Jede **achsensymmetrische** Figur hat eine Spiegelachse. Hältst du einen Spiegel an die Spiegelachse, liegt die eine Hälfte der Figur deckungsgleich auf der anderen. Die Spiegelachse wird deshalb auch **Symmetrieachse** genannt.

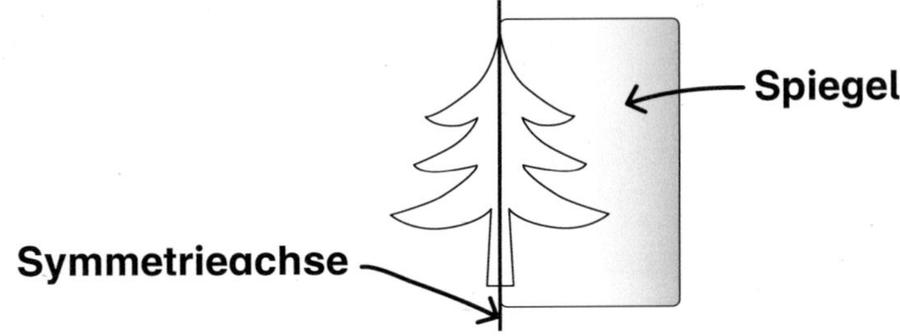

Beispiele für achsensymmetrische Figuren:

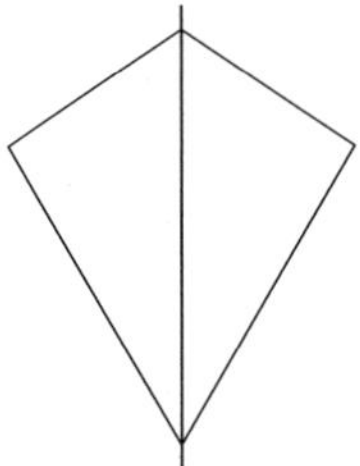

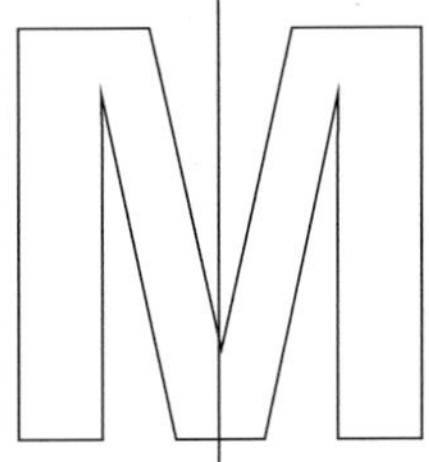

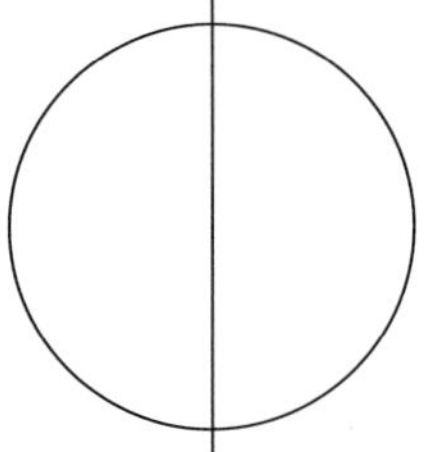

  **Male die Vorlagen für das Deckblatt an und schreibe deinen Namen auf die Linie.**

Schneide die Vorlagen aus. Klebe sie auf dein Lapbook.

Achsensymmetrie

Dieses Lapbook gehört:

____

  **Suche Spiegelbilder in Zeitschriften, Büchern, im Internet oder mache eigene Fotos. Kopiere sie und klebe sie in die Vorlage. Du kannst auch Spiegelbilder malen.**

  **Schneide die Vorlage aus, falte sie und klebe sie in dein Lapbook.**

 **Schreibe von außen auf den Klappdeckel: Spiegelbilder.**

Zeichne mit dem Lineal alle Spiegelachsen rot ein. Achtung: Eine Figur ist nicht achsensymmetrisch! Streiche sie durch.

Schneide die Vorlage aus, falte sie und klebe sie in dein Lapbook.

Schreibe von außen auf den Klappdeckel: Achsensymmetrie.

C

Schneide die Vorlage aus und falte sie so, dass das Bild vorne ist.

Klebe die Klappvorlage auf dein Lapbook.

Erkläre die Begriffe Achsensymmetrie und Spiegelachse mit Worten. Suche im Lexikon oder im Internet nach einer Erklärung oder nutze die Infokarte. Schreibe deine Erklärung in die Klappvorlage.

Schneide die Vorlagen aus.

Klebe Vorlage 1 an den Klebeflächen auf Vorlage 2.

Stecke die Spiegel seitlich in die Tasche. Kannst du lesen, was auf der Tafel geschrieben steht? Im Spiegel steht es leider nur spiegelverkehrt.

Den leeren Spiegel kannst du selbst mit einem spiegelverkehrten Wort beschriften.

①

②

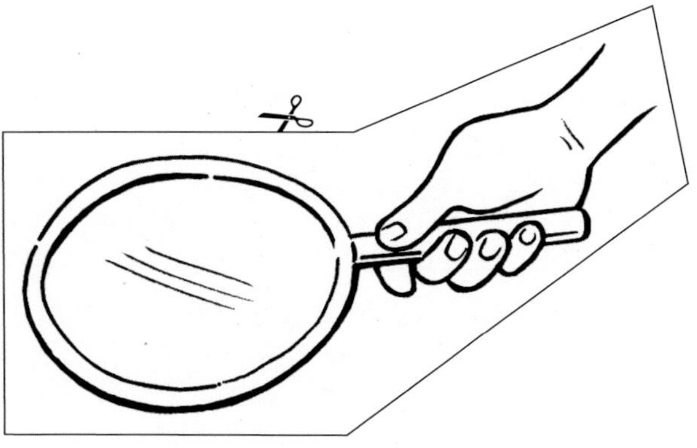

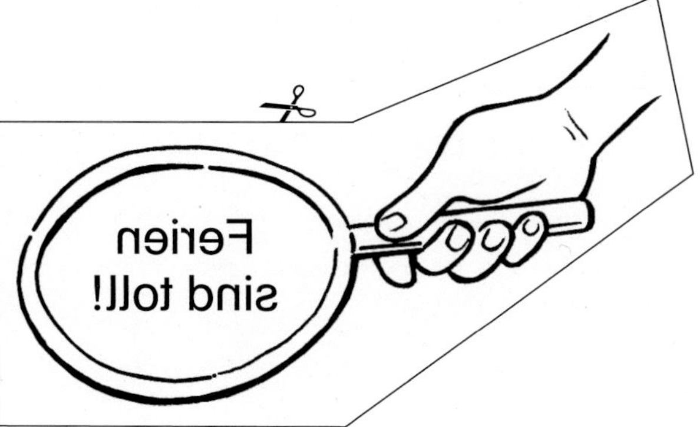

Bastle die Mini-Buch-Vorlage von der nächsten Seite nach Anleitung.

Klebe das Buch mit dem Buchrücken auf dein Lapbook.

Spiegele die Bilder an der Symmetrieachse.

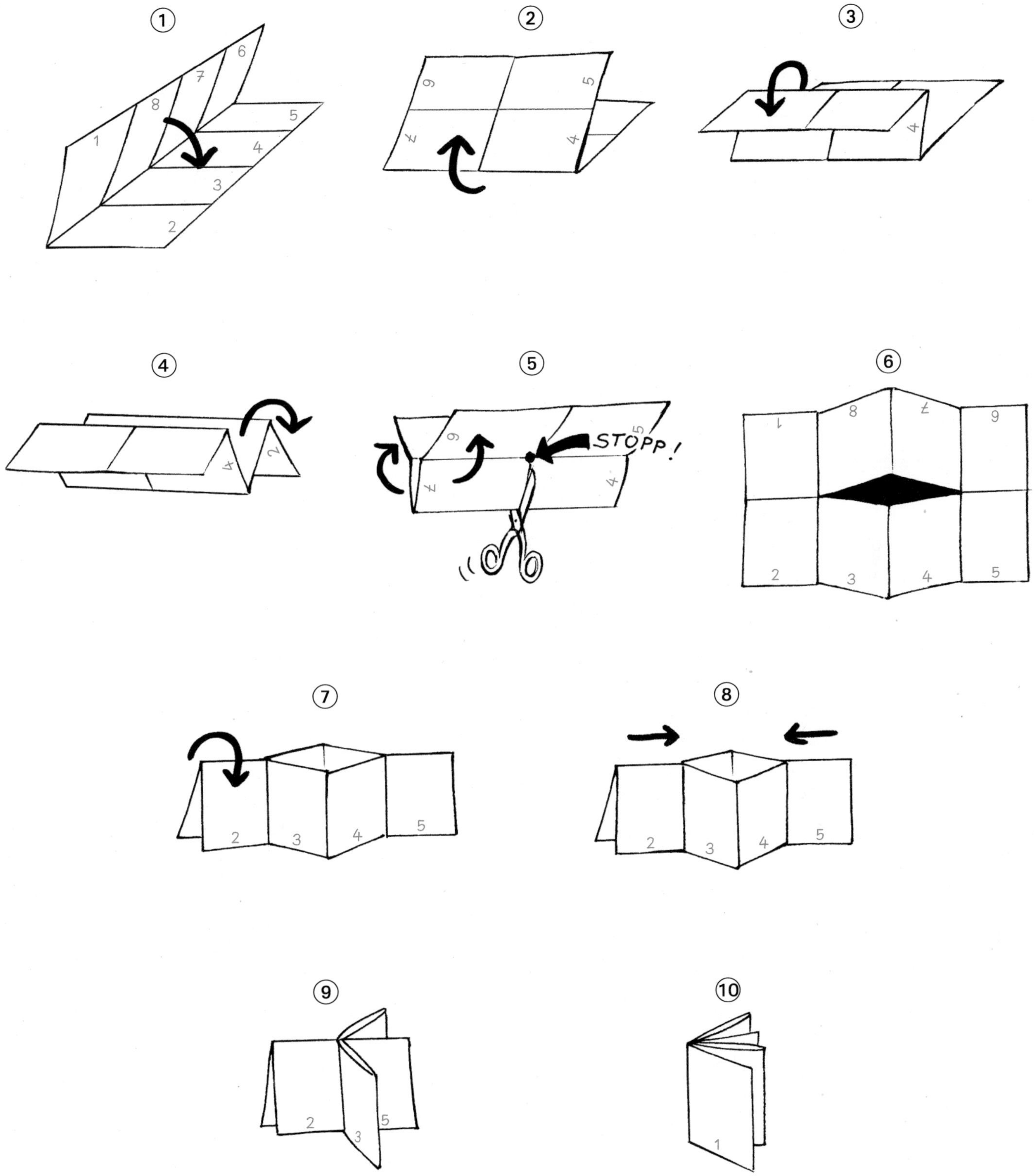

①

②

③

④

⑤

STOPP!

⑥

⑦

⑧

⑨

⑩

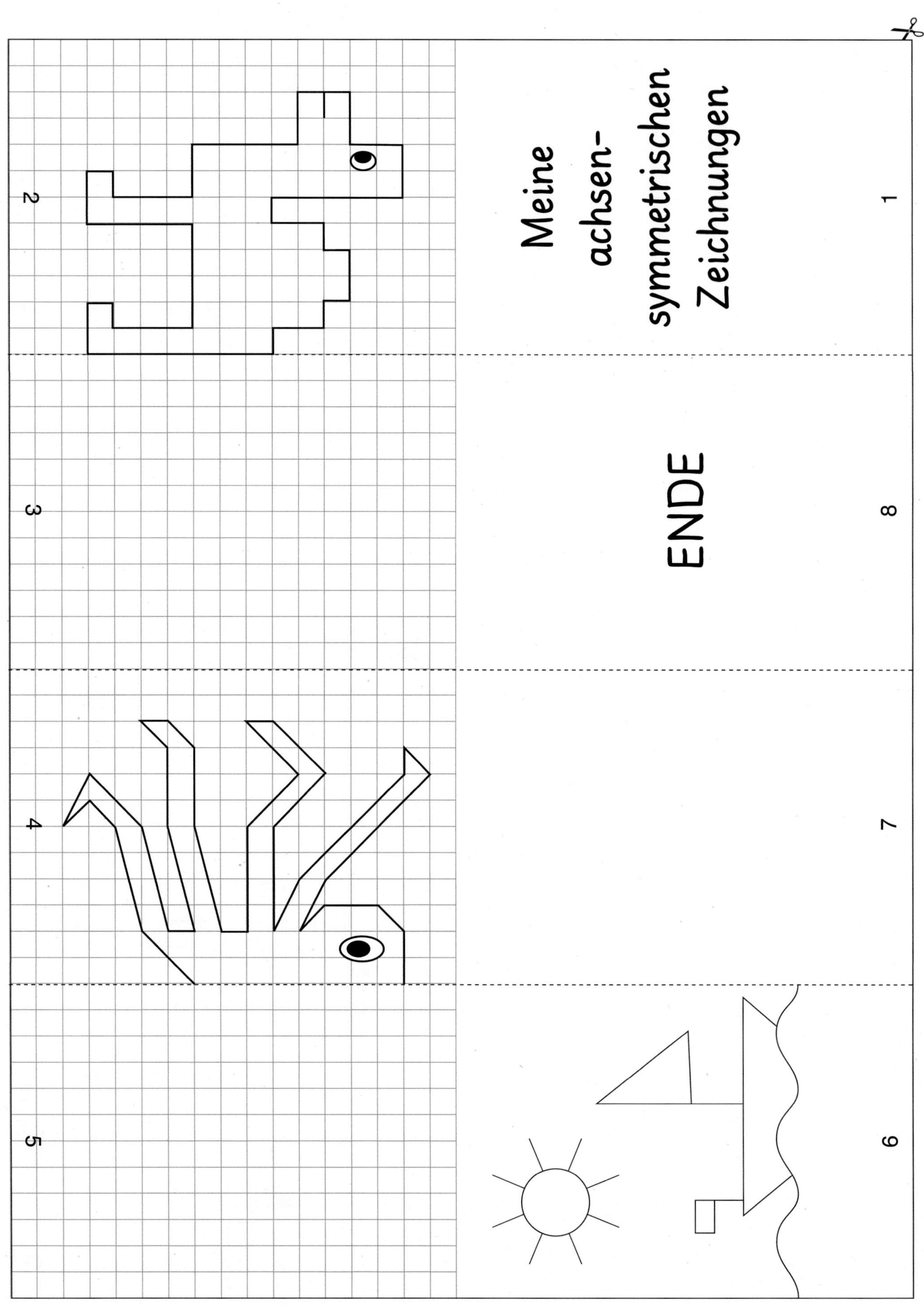
Meine
achsen-
symmetrischen
Zeichnungen
1
2
3
4
5
6
7
8
ENDE

Hier sind dem Maler sieben Fehler bei der Spiegelung im rechten Bild passiert. Finde sie und streiche sie an.

Schneide die Vorlagen aus. Falte die Klappkarte.

Klebe die Bildkarte von außen auf den Klappdeckel und klebe die Klappkarte auf dein Lapbook.

Welche Figuren sind achsensymmetrisch?
Kreuze das jeweilige Kästchen unter den Bildern an.

Schneide die Vorlage und die Textkarte aus.

Falte die Klappkarte und klebe die Textkarte von außen auf die Klappkarte. Klebe sie in dein Lapbook.

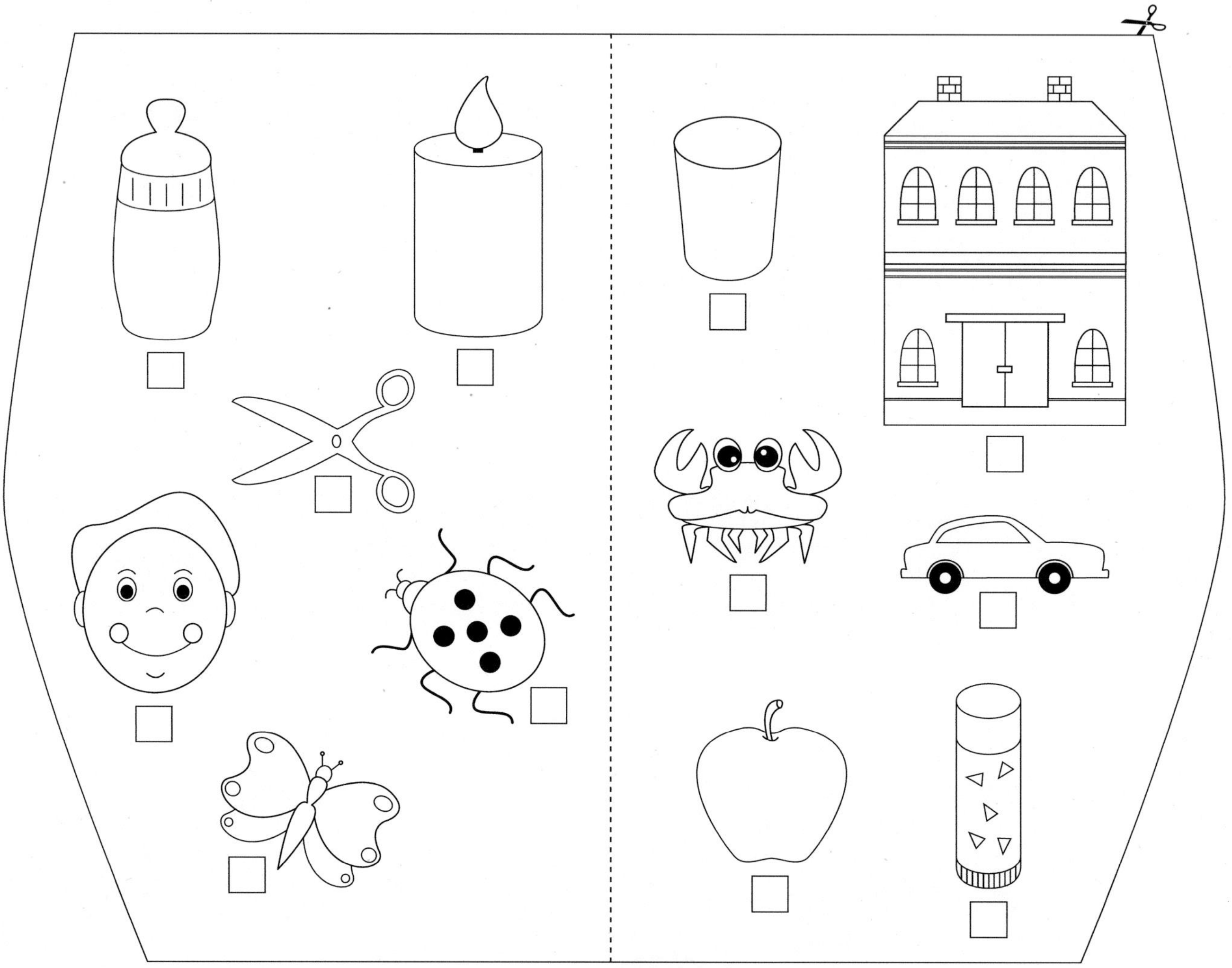

Informiere dich.
Lies die Infokarte oder lass sie dir vorlesen.

Schriftliche Multiplikation

Mithilfe der schriftlichen Multiplikation kannst du große Zahlen ganz einfach miteinander mal nehmen. So geht es:

Aufgabe: 324 · 15

Lösungsweg:

```
3 2 4 · 1 5
-----------
    3 2 4
```

1 mal 4 gibt 4

1 mal 2 gibt 2

1 mal 3 gibt 3

```
3 2 4 · 1 5
-----------
    3 2 4
    1 6 2 0
    =======
```

5 mal 4 gibt 20 → 0 hin, 2 im Sinn

5 mal 2 gibt 10, plus die gemerkten 2 ergibt 12 → 2 hin, 1 im Sinn

5 mal 3 gibt 15, plus die gemerkte 1 ergibt 16 → 16 hin

```
3 2 4 · 1 5
-----------
    3 2 4
  + 1 6 2 0
  ---------
    4 8 6 0
    =======
```

Zum Schluss noch addieren!

Überschlagen

Um dein Ergebnis zu überprüfen, kannst du die Rechnung im Kopf **überschlagen**. Versuch es mal bei dieser Aufgabe:

Was gibt 307 · 41? Kreuze das richtige Ergebnis an.

☐ 16321 ☐ 8231 ☐ 12587

Überschlag: 300 · 40 = 12000, also ist 12587 das richtige Ergebnis!

Informiere dich.
Lies die Infokarte oder lass sie dir vorlesen.

Tintenklecksaufgaben – hier fehlt doch was!

Leider ist die Ziffer an einer Stelle verschwunden!

1 7 3 ? 2 · 4
6 9 3 (6) 8

So findest du heraus, welche Ziffer der Tintenklecks verdeckt:

4 · ? = eine Zahl, deren hintere Ziffer (6) ist!
Die Lösung ist 4, weil 4 · 4 = 16.

1 7 3 [4] 2 · 4
6 9 3 6 8

Rechnen früher

Auch früher hatten die Menschen ein praktisches Hilfsmittel, um große Zahlen miteinander mal zu nehmen: die sogenannten **Neperschen Rechenstäbe**, benannt nach John Neper. So geht es:

Aufgabe: 257 · 6

Lösungsweg:

1. Lege die drei Zahlenstäbe mit der 2er-, 5er- und 7er-Reihe neben den Rechenstab mit den Faktoren.
2. Addiere nun in der Zeile von Faktor 6 jeweils die Zahlen in derselben Diagonalen und schreibe sie darunter: 2 = 2, 0 + 4 = 4, 2 + 3 = 5 und 1 = 1.

   Tipp: Wenn die Rechnung mehr als 10 ergibt, muss du nur die hintere Ziffer aufschreiben und die 1 für die 10 bei der nächsten Rechnung addieren.
3. Jetzt kannst du das Ergebnis von rechts nach links ablesen.

	2	5	7	Faktor
	0/2	0/5	0/7	1
	0/4	1/0	1/4	2
	0/6	1/5	2/1	3
	0/8	2/0	2/8	4
	1/0	2/5	3/5	5
	1/2	3/0	4/2	6
1	5	4	2	

Male die Vorlagen für das Deckblatt an und schreibe deinen Namen auf die Linie.

Schneide die Vorlagen aus. Klebe sie auf dein Lapbook.

Schriftliche Multiplikation

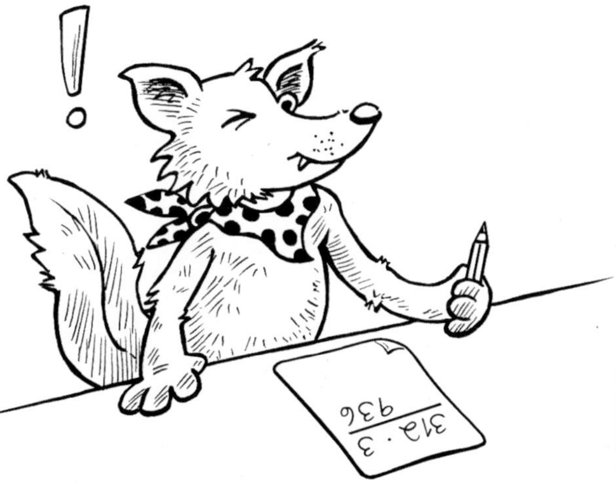

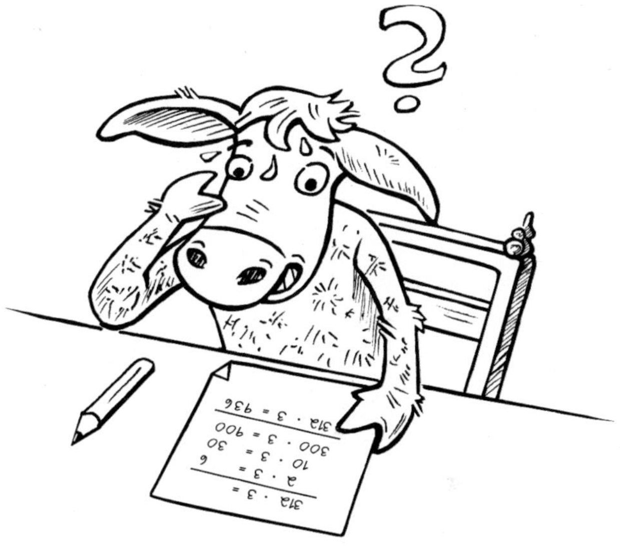

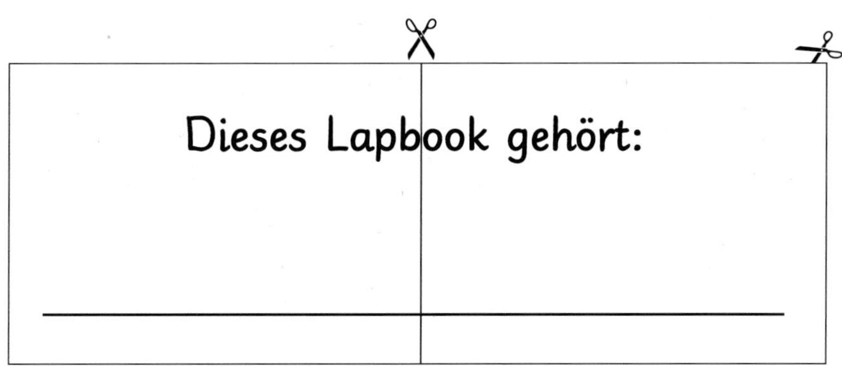

Schneide die Vorlage und die Textkarte aus.

Falte die Klappkarte und klebe sie auf dein Lapbook.
Klebe die Textkarte von außen auf den Klappdeckel.

Faktor	1	2	3	4	5	6	7	8	9

Schneide die Vorlagen aus.

Falte die Tasche so, dass der Text vorne steht, und klebe die Seitenlaschen fest. Klebe die Tasche auf dein Lapbook. Klebe den Schieber auf Pappe und schneide das Sichtfenster aus. Stecke ihn in die Tasche.

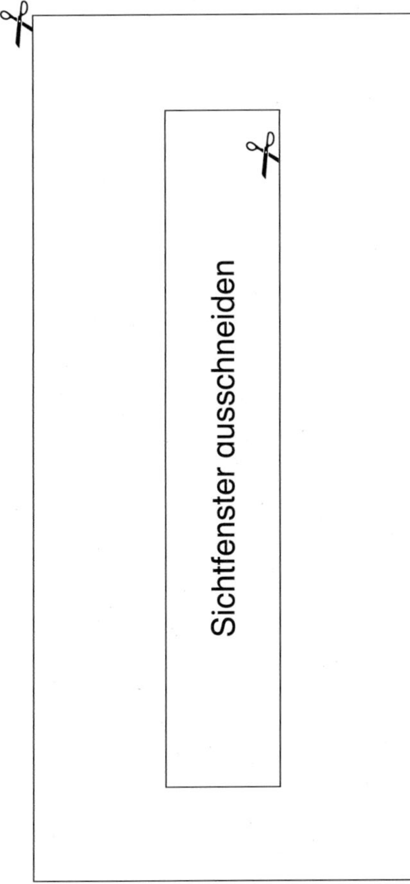

Klebe die Zahlenstäbe auf Pappe und schneide sie aus. Stecke sie in die Tasche „Nepersche Rechenstäbe“.

Du kannst mit den Zahlenstäben und dem Schieber auf der Rechenvorlage „Rechnen früher“ rechnen wie die Menschen früher. Die Infokarte hilft dir dabei!

9	0/9	1/8	2/7	3/6	4/5	5/4	6/3	7/2	8/1
8	0/8	1/6	2/4	3/2	4/0	4/8	5/6	6/4	7/2
7	0/7	1/4	2/1	2/8	3/5	4/2	4/9	5/6	6/3
6	0/6	1/2	1/8	2/4	3/0	3/6	4/2	4/8	5/4
5	0/5	1/0	1/5	2/0	2/5	3/0	3/5	4/0	4/5
4	0/4	0/8	1/2	1/6	2/0	2/4	2/8	3/2	3/6
3	0/3	0/6	0/9	1/2	1/5	1/8	2/1	2/4	2/7
2	0/2	0/4	0/6	0/8	1/0	1/2	1/4	1/6	1/8
1	0/1	0/2	0/3	0/4	0/5	0/6	0/7	0/8	0/9

Fülle die Lücken.

Schneide die Vorlage und die Bildkarte aus.

Falte die Klappkarte und klebe die Bildkarte von außen auf den Klappdeckel. Klebe die Klappkarte auf dein Lapbook.

1	6	9	·	2	4
	+				

2 · 9 = 18		8 hin,	1	im Sinn.
2 · 6 = ____	12 + 1 = 13	hin,		im Sinn.
2 · 1 = ____	____ + ____ = 3	hin.		
4 · 9 = ____		hin,		im Sinn.
4 · 6 = ____	24 + 3 = 27	hin,		im Sinn.
4 · 1 = ____	____ + ____ = 4	hin.		

Schneide die Vorlagen aus. Schneide bei Vorlage 2 die Linie und die Tippfenster ein.

Klebe die Vorlagen 1–3 aufeinander, sodass die Vorlage 1 oben liegt. Klebe die Vorlage 3 auf dein Lapbook.

Bei den Rechenaufgaben war der Fehlerteufel am Werk. Markiere die Fehler in der Rechnung rot an und rechne die Aufgaben neu.

①

Fehlerteufel

②

Klebefläche für ①

2	6	·	3	7	
		6	8		
		1	8	2	
		7	6	2	

Tipp 1

3	0	5	·	1	9
		3	1	5	
		2	8	3	5
		5	9	8	5

Tipp 2

1	3	9	·	4	2
		5	5	5	
		1	8	6	
		5	7	3	6

Tipp 3

4	4	1	·	6	1
	2	6	4	6	
		4	4	1	
	3	0	8	7	

Tipp 4

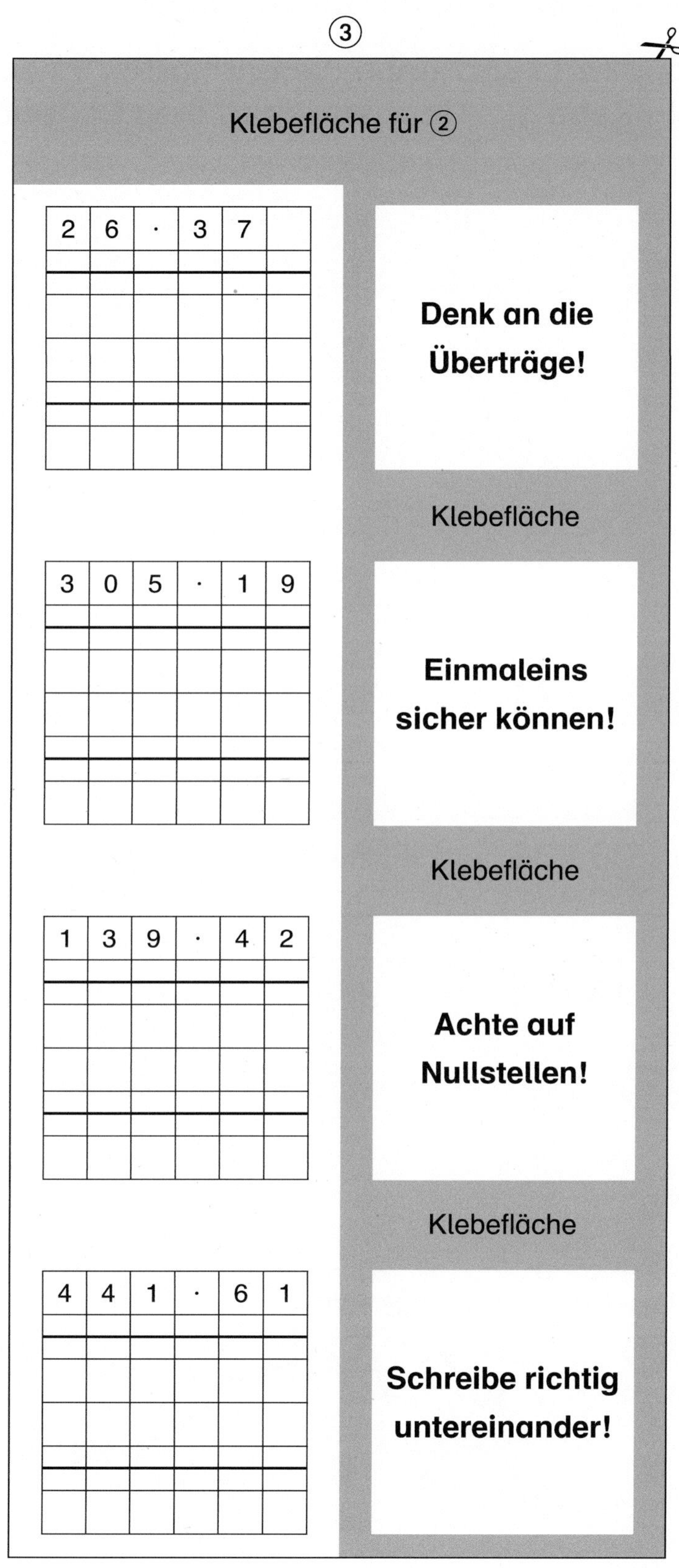
③
Klebefläche für ②
2 6 · 3 7
Denk an die Überträge!
Klebefläche
3 0 5 · 1 9
Einmaleins sicher können!
Klebefläche
1 3 9 · 4 2
Achte auf Nullstellen!
Klebefläche
4 4 1 · 6 1
Schreibe richtig untereinander!

Überschlage die Aufgaben im Kopf. Verbinde Aufgaben und Ergebnisse.

Schneide die Vorlage und die Bildkarte aus.

Falte die Klappkarte und klebe die Bildkarte von außen auf den Klappdeckel. Klebe die Klappkarte auf dein Lapbook.

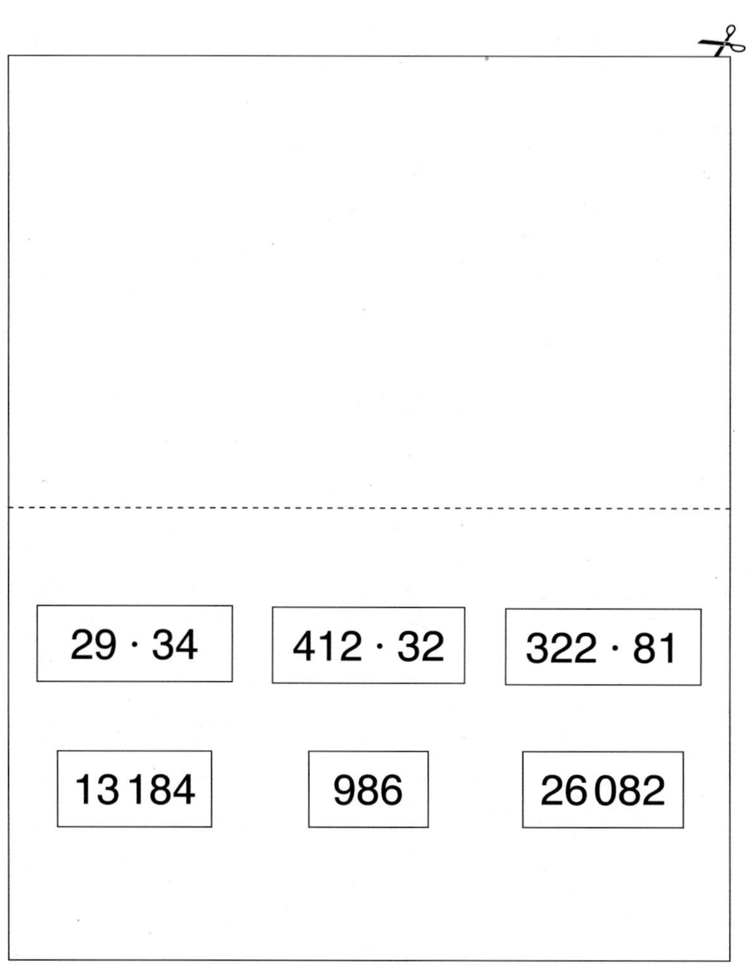

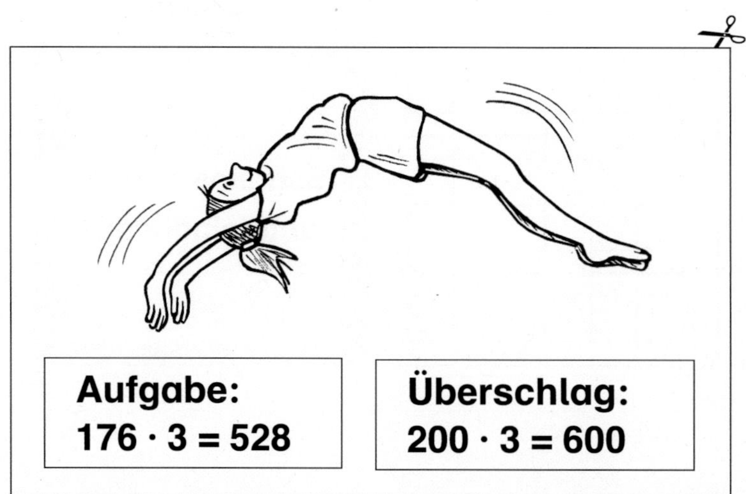

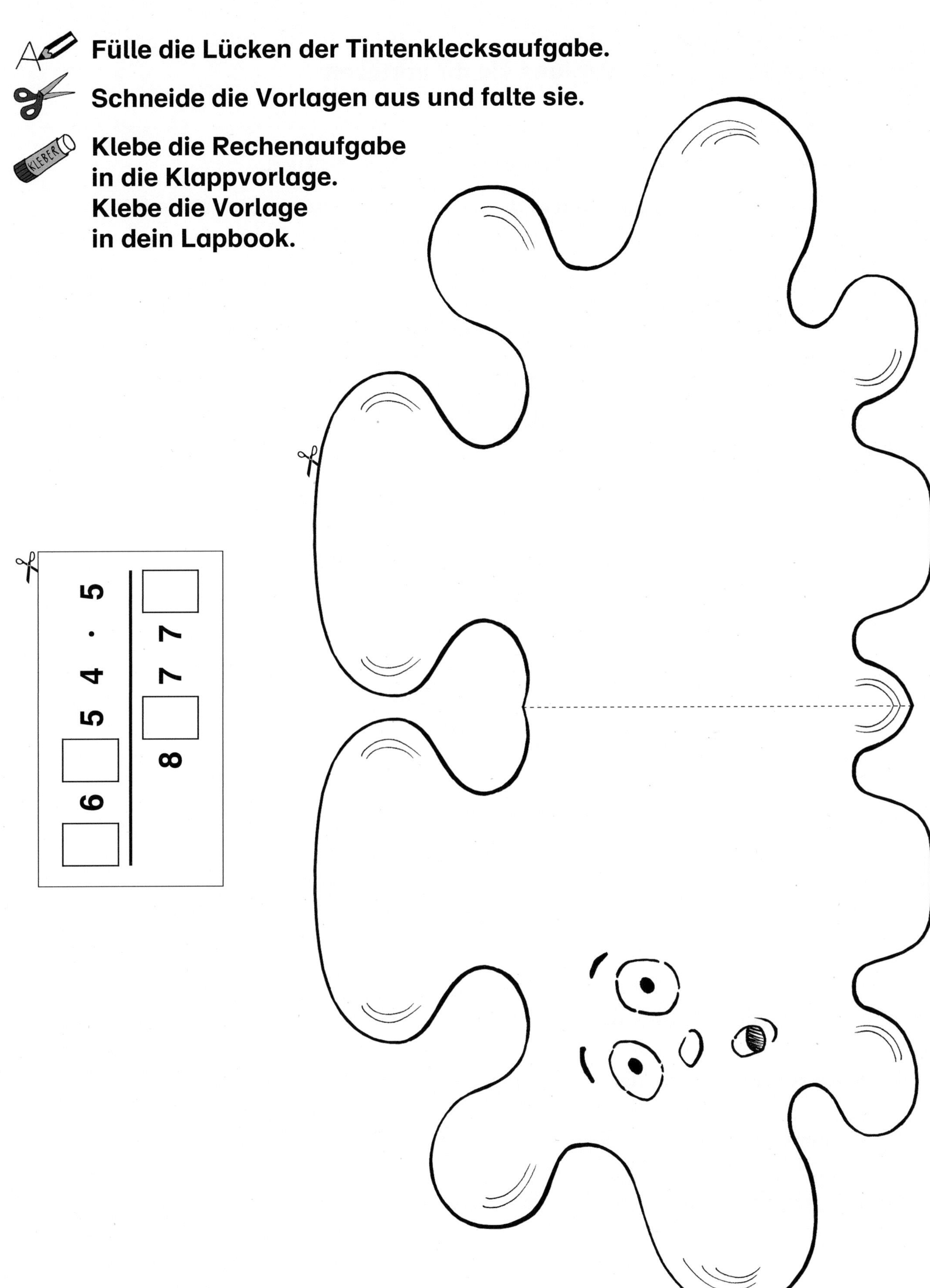

Fülle die Lücken der Tintenklecksaufgabe.

Schneide die Vorlagen aus und falte sie.

Klebe die Rechenaufgabe in die Klappvorlage. Klebe die Vorlage in dein Lapbook.

Informiere dich.
Lies die Infokarte oder lass sie dir vorlesen.

Wahrscheinlichkeiten einschätzen – Lose ziehen

Ein Ereignis kann **sicher, unmöglich, unwahrscheinlich** oder **wahrscheinlich** eintreten. Zum Beispiel das Ereignis, dass du auf dem Rummel beim Loseziehen einen Gewinn ziehst …

Es ist **unmöglich** einen Gewinn zu ziehen.

Es ist **unwahrscheinlich** einen Gewinn zu ziehen.

Es ist **wahrscheinlich** einen Gewinn zu ziehen.

Es ist **sicher** einen Gewinn zu ziehen.

Wahrscheinlichkeiten einschätzen – am Glücksrad drehen

Es ist **unmöglich**, dass ein grünes Feld kommt.

Es ist **unwahrscheinlich**, dass ein weißes Feld kommt.

Es ist **wahrscheinlich**, dass ein graues Feld kommt.

Es ist **sicher**, dass ein graues oder ein weißes Feld kommt.

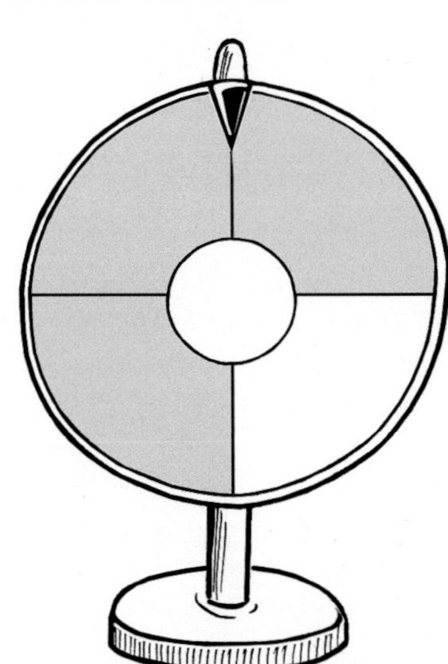

  **Male die Vorlagen für das Deckblatt an und schreibe deinen Namen auf die Linie.**

  **Schneide die Vorlagen aus. Klebe sie auf dein Lapbook.**

Wahrscheinlichkeiten

Dieses Lapbook gehört:

____

Schneide die Glücksradvorlage aus und knicke das Dreieck nach unten.

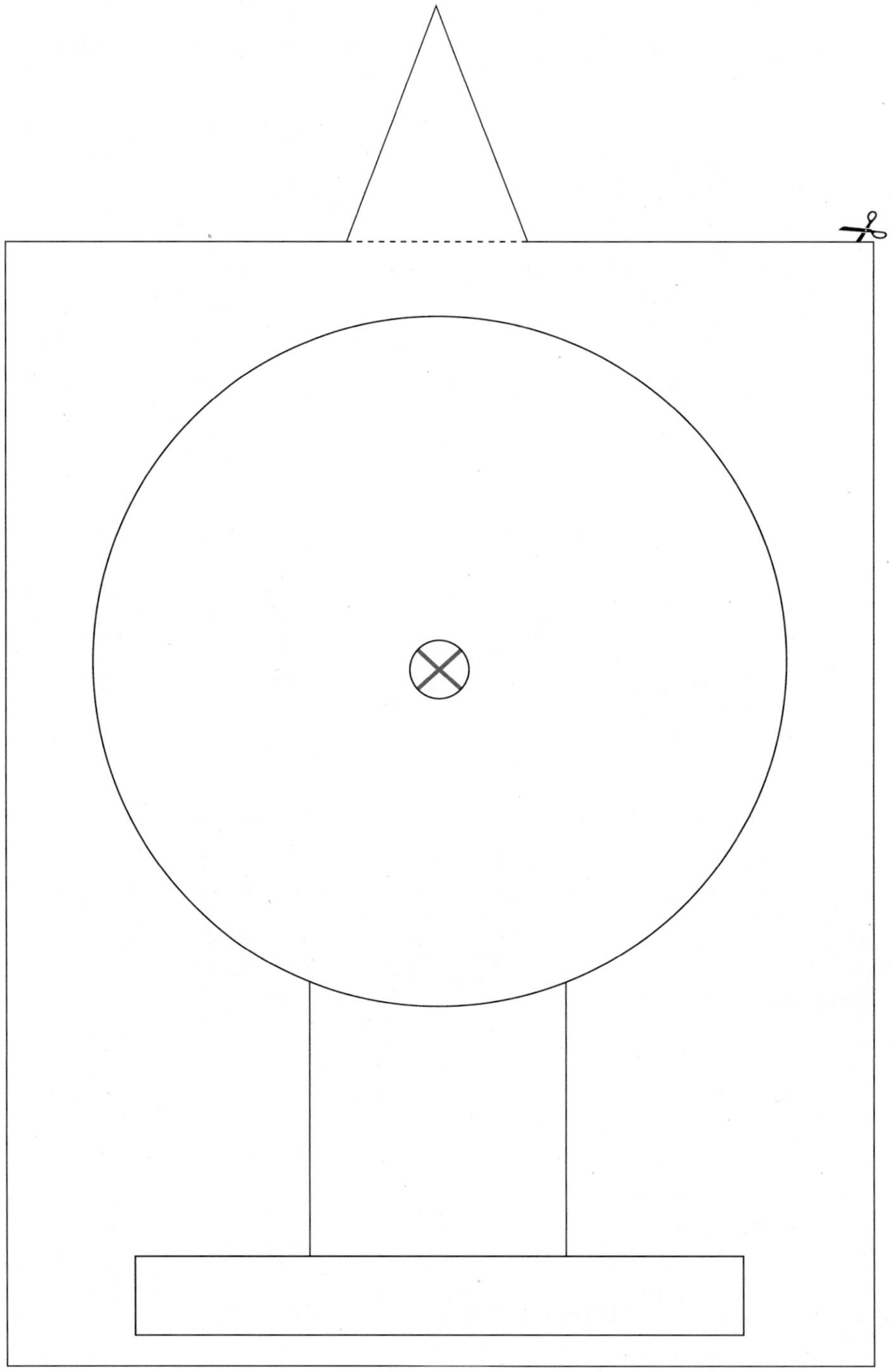

Male an:
1 = gelb 2, 6 = blau 3, 7, 8 = grün 4, 5 = rot

Klebe die Vorlage auf Pappe und schneide sie aus.

Befestige die Scheibe mit einer Musterklammer auf der Glücksradvorlage. Achtung: Schneide den Kreis für die Musterklammer sauber aus, damit sich das Rad gut drehen lässt. Klebe die Glücksradvorlage auf dein Lapbook.
Tipp: Lass dir von jemandem helfen!

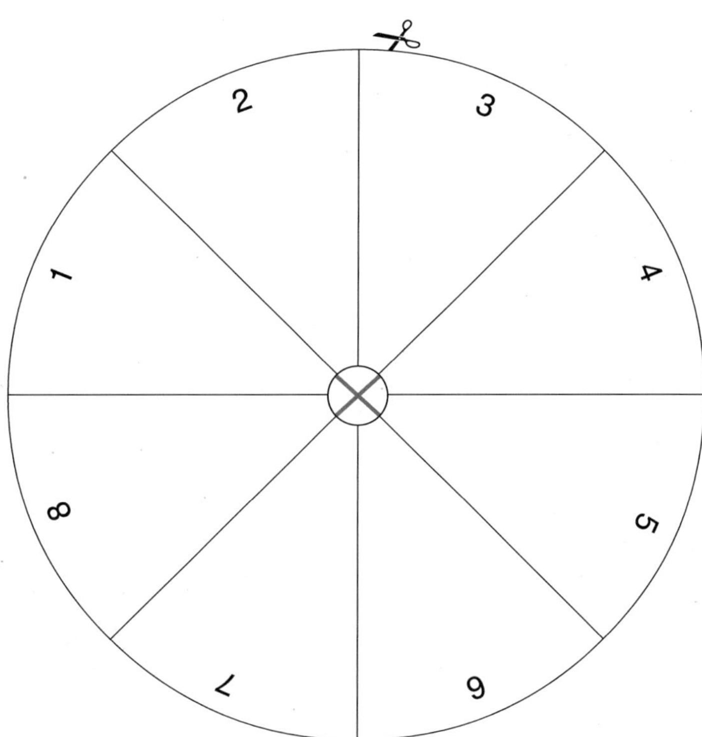

Schneide die Tasche und die Gewinnkarten aus.
Falte die Tasche so, dass der Text vorne ist.

Klebe die Seitenlaschen fest und die Tasche auf dein Lapbook.
Stecke die Gewinnkarten in die Tasche.

Überlege, mit welcher Gewinnkarte du wohl am ehesten gewinnst?
Ziehe eine Gewinnkarte und drehe das Glücksrad!

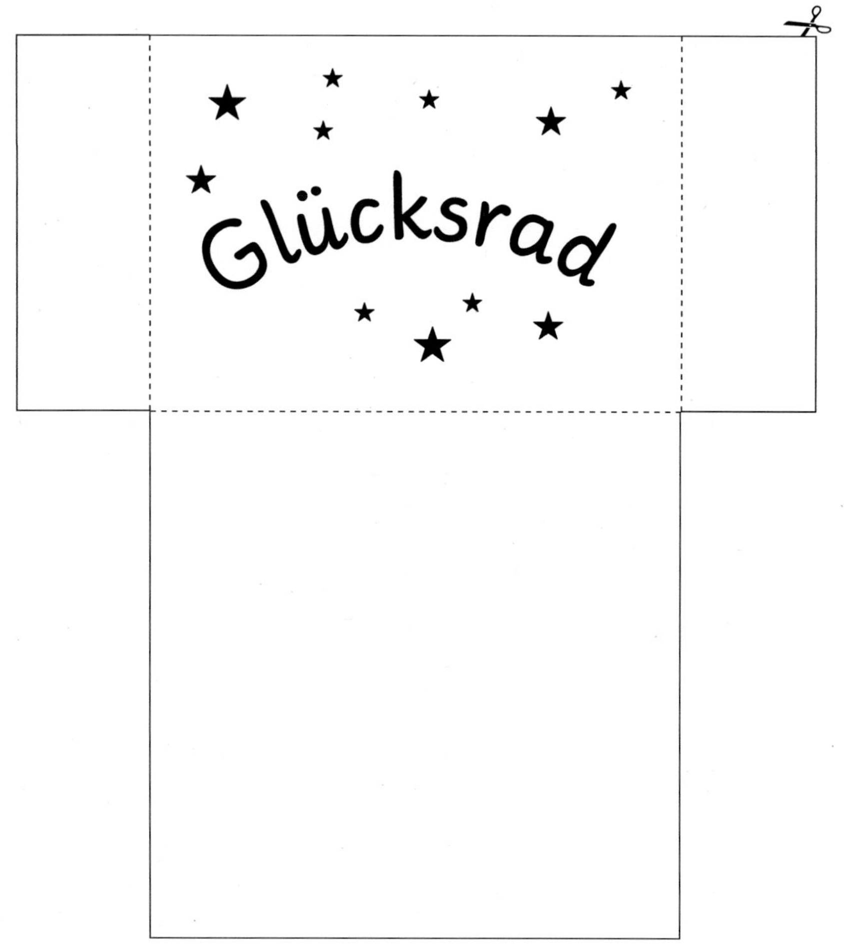

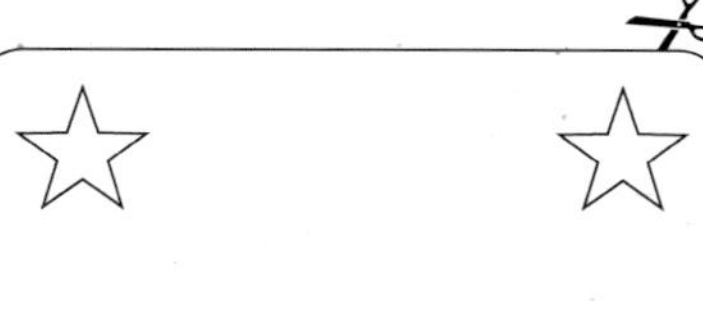

Gewinnkarte 1

Du gewinnst bei
6, 7 oder 8!

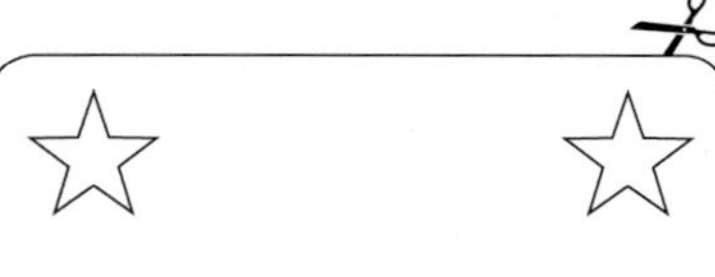

Gewinnkarte 2

Du gewinnst bei
gelb oder blau!

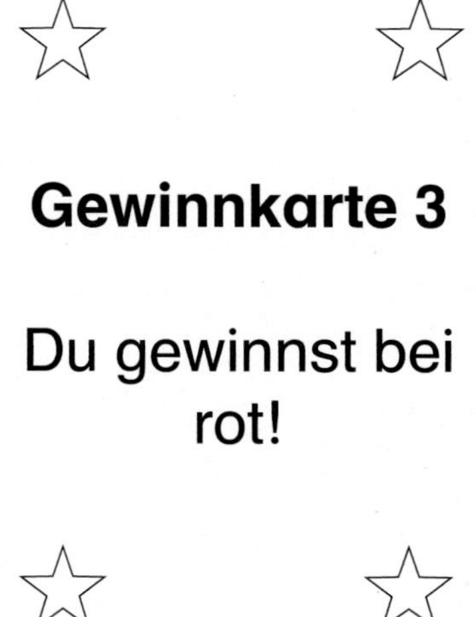

Schneide die Klappvorlage und die Textkarten aus. Falte die Klappkarte und schneide auch die drei Linien ein.

Ordne die Textkarten den Wörtern der Klappvorlage richtig zu und klebe sie von außen auf den zugehörigen Klappdeckel. Klebe die Klappvorlage auf dein Lapbook.

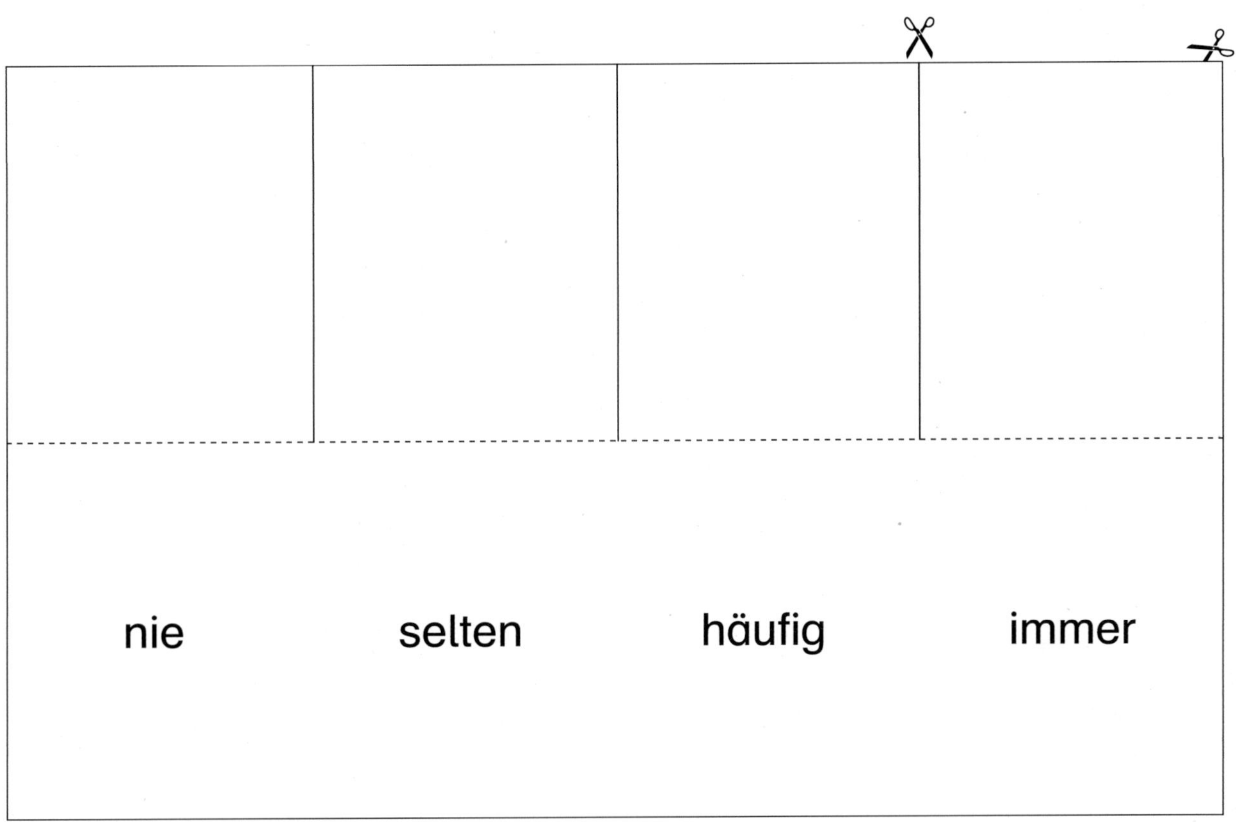

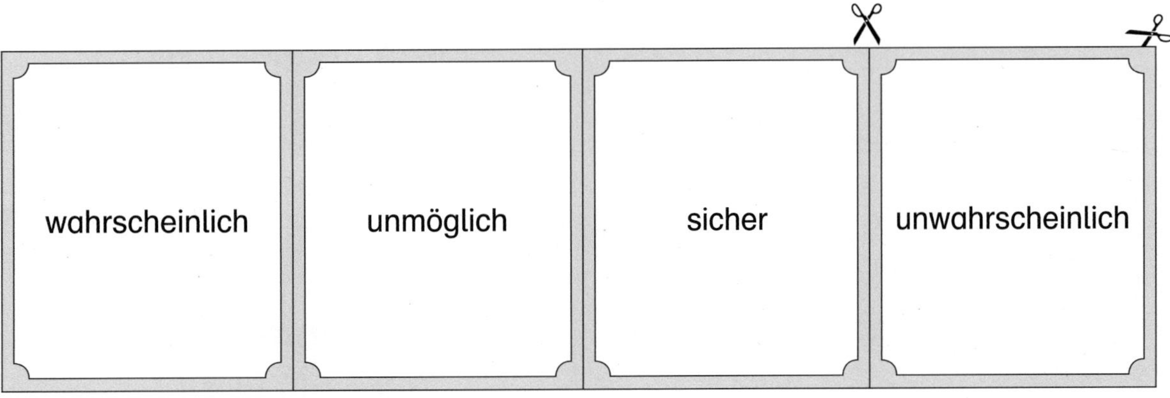

Male passend zu den Sätzen Fische in den jeweiligen Teich.

Schneide die Vorlage aus und falte die Klappkarte. Schneide auch die drei Linien ein. Klebe die Vorlage auf dein Lapbook.

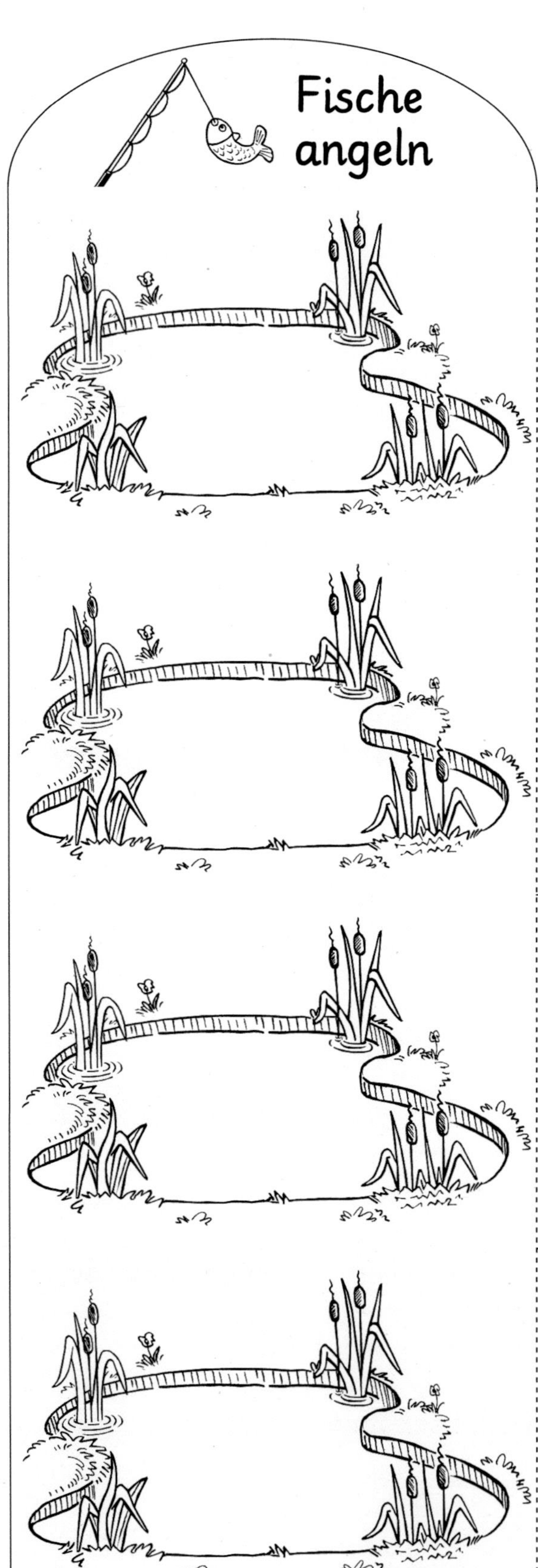

Es ist **sicher**,
dass ein blauer
Fisch geangelt wird.

Es ist **wahrscheinlich**,
dass ein gelber
Fisch geangelt wird.

Es ist **unwahrscheinlich**,
dass ein gelber
Fisch geangelt wird.

Es ist **unmöglich**,
dass ein blauer
Fisch geangelt wird.

Du darfst aus jeder Schale einmal ziehen. Fülle die Lücken mit den Wörtern: sicher, wahrscheinlich, unwahrscheinlich und unmöglich.

Schneide die Vorlage aus und falte die Klappkarte. Schneide auch die drei Linien ein. Klebe die Vorlage auf dein Lapbook.

Glückskugeln ziehen

Es ist ______________,
dass ich eine Glückskugel ziehe.

Es ist ______________,
dass ich eine Glückskugel ziehe.

Es ist ______________,
dass ich eine Glückskugel ziehe.

Es ist ______________,
dass ich eine Glückskugel ziehe.

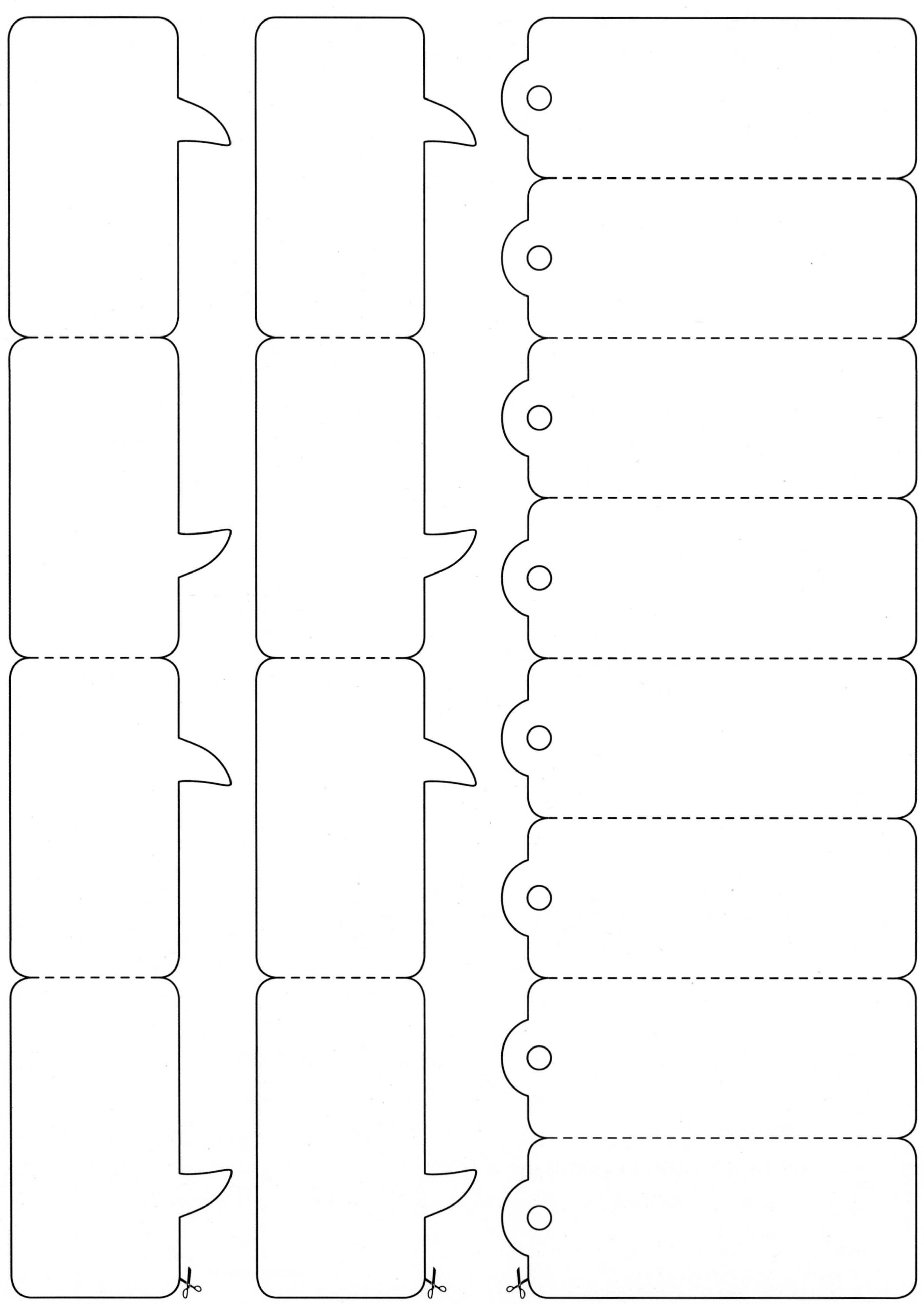

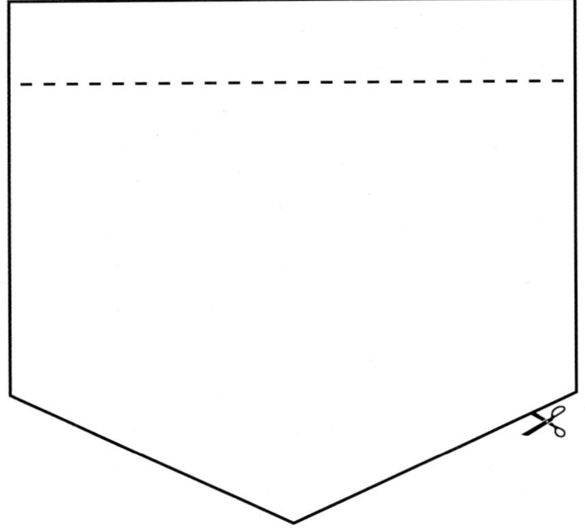

Klebefläche

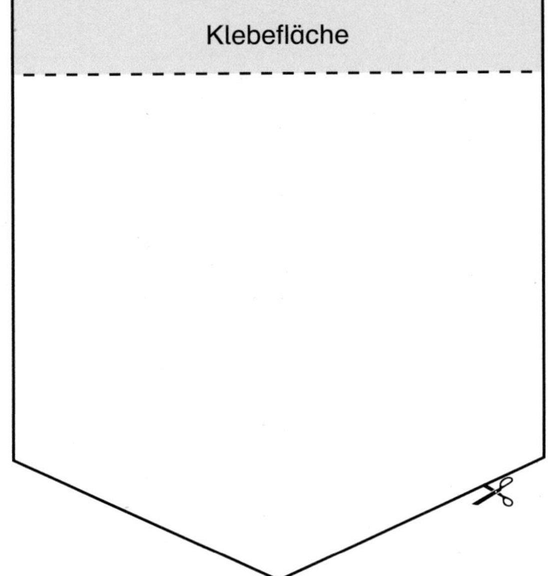
Klebefläche

Klebefläche

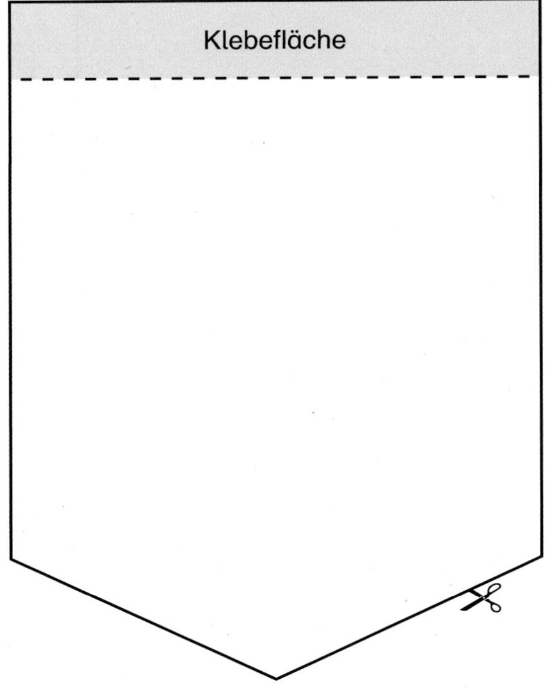
Klebefläche

Name: ______________________ Klasse: ____________ Datum: ________________

Wir erstellen ein Lapbook zu einem selbst gewählten Thema

	3 Punkte	2 Punkte	1 Punkt	0 Punkte
1. Inhalt des Lapbooks				
Du kennst dich mit dem Thema gut aus.				
Du stellst die Sachverhalte richtig dar.				
Du verwendest Fachbegriffe.				
Die anderen Kinder lernen etwas durch dein Lapbook.				
2. Gestaltung des Lapbooks				
Dein Lapbook macht neugierig.				
Du hast sauber geschnitten, geschrieben und geklebt.				
Dein Lapbook ist gut gegliedert.				
3. Präsentation des Lapbooks				
Deine Präsentation ist anschaulich.				
Du hast laut und deutlich gesprochen.				
Gesamtergebnis				

 **Male die erledigten Aufgaben an.**